HANS ZAUNER

GÄRTNER SEELE

60 erdige Kurzgeschichten rund um den Garten

FRÜHJAHR | SOMMER | HERBST | WINTER

© Hans Zauner

Cover- und Buchgestaltung: RIZAGO design
Illustrationen und Fotografie: Ricardo Gonzalez
Lektorat: Bernhard Kastl

ISBN 978-3-903385-14-6
bayerverlag 2022
Verlag Bernhard Bayer, Wilhering

Gedruckt und gebunden bei Plöchl in Freistadt auf FSC-zertifiziertem Papier.
Das verringert die Transportwege, das Geld bleibt im Land, sichert
Arbeitsplätze und die hohen österreichischen Umweltstandards.

Inhalt

9	WIDMUNG
11	VORWORT
12	PROLOG
14	FRÜHJAHR
16	Spurensuche
18	Tulpenfieber
20	Gärtnerseele
22	Das Obstgartenjahr meiner Kindheit
24	Fernweh
26	Von Zitronenfaltern und Zitronenkuchen
28	Mein kleines Veilchen
30	Wortmalerei
32	Gartenpolitik
34	„Ombra mai fu" – die Liebe zur Platane
36	Von der Lust an der Gartenarbeit
38	Magnolienhain
40	Die Wolfsmilch
42	Kirschblüten
44	Der Gartenzaun
46	Pflegeleicht
48	Die Seele eines Gartens
50	Schattendasein
52	Gartenvagabunden
54	Zu Hause ist man dort, wo einen die Bäume erkennen
56	Frühjahr im Garten

58	SOMMER
60	Rose ohne Dorn
62	Mein Vorgarten
66	Honigmund
68	Blumenwiesen
70	Es riecht nach Sommer
72	Im Staudenbeet
74	Endlich Ferien
76	Honigernte
78	Vom Fremden und Unbekannten
82	Wunden in der Landschaft
84	Endlich Süden
86	Gießen oder der Kampf mit dem Gartenschlauch
88	Gartenphlox — die Flammenblume
90	Pflück mich
92	Der Akanthus
94	Persische Gärten
96	Dahlien
98	Der Bischofshof
100	Der natürlich schönste Garten
102	Am Ende mit meinem Latein
106	Sommer im Garten
108	HERBST
110	Mein Herbstbeginn
112	Ein Leuchten und Brennen
114	Späte Liebe
116	Der Efeu

118	Gehen ist die Schule des Sehens
120	Novemberstille
122	Die Kunst der Fuge
124	Sisyphus
126	Chrysanthemen
128	Von der Kunst des Reisens
130	Herbst im Garten
132	WINTER
134	Der Adventkranz
136	Kronprinz Rudolf, Brünnerling, Berner Rosenapfel …
138	Der Barbarazweig — das Wettrennen
140	Der Sinn von Weihnachten
142	Die Rose des Winters
144	Der erste Schnee
146	Gekauftes Glück
148	Jahreszeiten
150	Rote Rüben
152	Charaktersache
154	Winter im Garten
156	EPILOG
159	DER AUTOR
161	DANKSAGUNG

Widmung

Ich widme mein erstes Gartenbuch meiner Mutter! Von ihr habe ich die Begeisterung für Pflanzen, Natur und Garten geerbt. Sie hat früh mein Talent erkannt und vieles, was ich jetzt kann, habe ich von ihr gelernt.

Vorwort

60 Gartengeschichten für ein Gartenjahr, das klingt leidenschaftlich, vielversprechend und hoffnungsvoll. Gärten sind so vielfältig. Gärten berühren alle Lebensbereiche, vor allem aber unsere Seele und unser Gemüt. Gärten sind ein Spiegelbild der Gesellschaft, Gärten werden politisiert. Gärten können wir hören und lesen, in Literatur und Musik. Gärten sind aber auch Ausdruck unseres persönlichen Lebensstils und unseres Geschmackes.

Gärten sind Rückzugsort und Begegnungsort zugleich. Gärten sind Statussymbol und missbrauchte Flächen. Gärten sind Sehnsuchtsorte und leben oft nur von Erinnerungen, von Gerüchen und von unendlichen Sommern. All diese Vielfalt findet sich in meinen sehr persönlichen Gartengeschichten, dazu gesellt sich meine vierzigjährige Berufserfahrung als Landschaftsgärtner und Landschaftsarchitekt.

Prolog

MEIN GARTEN. MEIN LEBEN

Samen waren für mich schon als Fünfjähriger etwas Besonderes, etwas Faszinierendes, etwas Anziehendes. Es war nicht so sehr das Geheimnis des keimenden Lebens, was mich daran so sehr interessierte. Es war vielmehr das Brimborium, das in meiner Familie um diese Samen gemacht wurde.

Einmal im Jahr, im Vorfrühling, fuhren wir zum Sameneinkauf nach Linz. Es war ein kleines Abenteuer, das einen ganzen Tag in Anspruch nahm. Es war spannend zu beobachten, als die Samen von Verkäuferinnen in weißen Kitteln Gramm für Gramm gewogen wurden. Einer Apotheke gleich war die Atmosphäre in diesem Samengeschäft. Es herrschte emsiges Treiben, jedoch ohne Hektik. Weiße Regale und Holzladen, die nur über Leitern erreichbar waren, reichten bis zur Decke. Große eckige Rübensamen, papierene Salatsamen, porzellanartige rote, schwarze oder weiße Bohnen- und holzfarbene Radieschensamen wurden in kleine weiße Briefchen abgefüllt und fein säuberlich beschriftet. Blumensamen übten die größte Anziehung auf mich aus. Davon wurde aber sehr sparsam eingekauft. Nur strohige Tagetessamen, pfirsichkernförmige Löwenmaulsamen und wurmförmige Ringelblumen waren dabei. Blumenzwiebeln wie Lilien, Dahlien oder Gladiolen standen so gut wie nie auf der Einkaufsliste.

Bezahlt wurde am Kassenhäuschen im Geschäft, das einem gläsernen Kobel glich. Darin saß eine Frau, die jeden Zentimeter ausfüllte, als wären die Glaswände um sie gebaut worden. Die Samen wurden bei uns zu Hause gehütet wie ein wertvoller Schatz. Sie wurden in einer großen Schublade verschlossen aufbewahrt. In unbeobachteten Momenten schlich ich mich in die obere Vorratskammer, öffnete die Lade und betrachtete die Samen, indem ich sie auf die Hand rieseln ließ. Ich verglich die Samen mit den dazugehörigen Bildern und wunderte mich, warum Rot- und Weißkrautsamen gleich aussahen.

Eines Sonntagmorgens war ich alleine zu Hause und entnahm den verschiedensten weißen Briefchen wenige Samenkörner, nur so viele, damit es nicht bemerkt wurde. Auf den Maulwurfshügeln, die es zuhauf um den Hof gab, säte ich die Samen. Davor hatte ich die kleinen Erdhäufchen geebnet und rechte anschließend die Hügel flach. So wie ich es bei meiner Mutter gesehen hatte, zog ich Zeilen in den Boden, streute die Samen wie Salz in die Rillen und deckte diese wieder mit Erde ab. Es dürften die buntesten und üppigsten Maulwurfshügel gewesen sein. So wie kleine Feuerwerke waren sie in der Wiese vor dem Haus verteilt. Es wird erzählt, dass es nie wieder so große und leuchtend rote Radieschen gegeben hätte, wie auf den besagten Maulwurfshügeln.

Ich bekam nach diesem Ereignis meinen ersten eigenen Gemüsegarten. Die Maulwurfsgärten sind verschwunden, die Samendamen in Linz gibt es nicht mehr. Ich dagegen bin immer noch begeisterter Landschaftsgärtner und Landschaftsarchitekt.

Frühjahr

Februar bis Mai

Der Frühling birgt so viel
Hoffnung, Mut und Zuversicht
in sich, er verspricht Aufbruch
und Veränderung.

GÄRTNER
SEELE

Schneeglöckchen (Galanthus nivalis)

SPURENSUCHE

Was für eine verrückte Welt, aber nach den letzten Weihnachtsfeiertagen beobachte und inspiziere ich unseren großen Vorgarten immer ganz genau. Ich gehe gebeugt und mit Brille durch den Garten und suche den Boden detektivisch ab. Dieser ist teilweise mit Schnee, aber auch mit immergrünen Stauden bedeckt, wie Bartnelken, Stiefmütterchen, Glockenblumen, Spornblumen, Margeriten und Astern. Dann entdecke ich die ersten Schneeglöckchen. Vereinzelt und ganz vorsichtig strecken sie die ersten Blattspitzen aus dem Gartenboden. Paarweise, wie kleine Fühler schauen die lanzettförmigen Blätter aus dem Boden, ganz vorsichtig, immer auf der Hut vor Kälteeinbrüchen. Vereinzelt gibt es kleine, weiße Punkte, man muss genau hinschauen, um sie vom Schnee zu unterscheiden. Winzig kleine, spitze Blütenknospen schälen sich aus den Blattpaaren und stehen senkrecht in die Höhe. Vereinzelt beginnen sich die kleinen weißen Zipfelmützen glockenförmig zu neigen, aber die Blütenblätter sind immer noch ganz fest geschlossen. Erst wenn das Wetter anhaltend stabil ist, öffnen sich die Glöckchen, drei weiße Blütenblätter schützen die eigentliche Blüte, zusammengehalten von einem grünen Knopf.

Es ist der Beginn eines kleinen Naturschauspiels, welches sich in den nächsten zwei Monaten in unserem Vorgarten abspielen wird.

Aus diesen kleinen, fast unsichtbaren weißen Punkten zwischen den Schneeflecken entwickelt sich eine richtige Schneeglöckchenwiese. Das Weiß des Schnees wird durch die weißen Glöckchen ersetzt. Staunend bleiben Passanten an unserem Vorgarten stehen und erfreuen sich an dieser Frühlingsbotschaft. Auch der himmlische Duft lässt den Frühling förmlich riechen. Kommt wieder ein Wintereinbruch, harrt das Schneeglöckchen der Dinge und wartet geduldig auf wärmere Frühlingstage. Angeblich kann die Zwiebel des Glöckchens die Umgebungstemperatur erhöhen und so der Kälte des Winters trotzen.

Schneeglöckchen gehören in jeden Garten, sie sind einfach und problemlos zu halten und geben dem Garten eine gezähmte Wildheit. Sie vermehren sich horstartig und nützen das Frühjahrslicht, solange die Bäume und Sträucher noch keine Blätter haben. Wird das Licht weniger, zieht sich das Glöckchen wieder in die Zwiebel zurück. Schneeglöckchen sind ein begehrtes Sammelobjekt, es gibt an die achthundert verschiedene Sorten. Vor allem die verschiedenen Blütenformen, von gefüllt blühend, großblütig, ballonartig bis sternförmig, sind die Unterscheidungsmerkmale.

Heute ist der 8. Jänner, so früh habe ich die ersten Schneeglöckchen noch nie in unserem Vorgarten gesehen. Wohlgemerkt, es ist ein Innenstadtgarten, wo der Winter etwas gnädiger ist und sich die wärmende Wintersonne gerne an die Hausmauer lehnt. Nur dem genauen Beobachter fallen diese ersten winzigen, weißen Tupfen auf. Die Spurensuche nach dem Frühling macht mich glücklich, aber auch ungeduldig!

TULPENFIEBER

Heute möchte ich nicht vom Tulpenfieber, der ersten Spekulationsblase im 17. Jahrhundert, erzählen. Nicht von den Tulpenzwiebeln, die im Hungerwinter 1944 in den Niederlanden als Nahrungsmittel verwendet wurden, und nicht von den Tulpen in meinem Vorgarten. Heute geht es einzig und alleine um meinen Tulpenstrauß in der Vase und das Schauspiel, das folgt. Vom einfachen Tulpenstrauß zum bewunderten Stillleben. Vom blühenden, leuchtenden Leben zum lautlosen Fallen der Blütenblätter.

An die fünfundzwanzig Tulpen in violett, gefüllt blühend. Wie kleine Rosen sehen sie aus, wenn sich die Blüten öffnen. Aufrecht und stramm stehen sie am ersten Tag in der Vase, dicht gedrängt, Blüte an Blüte. Sie wirken etwas steif und streng, fast wie achtlos arrangiert. Über Nacht fallen die Tulpen auseinander, der Strauß macht einen etwas lockeren Eindruck. Die Tulpen sind auch ein ganzes Stück gewachsen. Tagsüber öffnen sich die Blüten und ihr gefülltes Innenleben wird sichtbar. Mehrere Reihen von Blütenblättern füllen den Blütenkelch, einem Barockkleid gleich, welches aus vielen Stoffschichten besteht. Mein Tulpenstrauß in der Vase wächst und gedeiht, mit jedem Tag geht er mehr in die Breite und in die Höhe. Man sieht es am Wasserverbrauch, täglich ist die Vase mit Wasser aufzufüllen, so durstig und hungrig sind die

Tulpen. Nach dem vierten Tag ragen sie wie die Schlangen von Medusas Haupt aus der Vase. Federnd ragen die Stängel weit über den Vasenrand hinaus, struppig und zerzaust nehmen die Tulpen den halben Esstisch ein. Schön langsam verblassen die Blüten, sie verlieren ihren Glanz, die Ränder wirken zerknittert, die äußere Blütenreihe beginnt sich einzurollen. Vergänglichkeit liegt über dem Strauß, aber das Schauspiel ist noch lange nicht zu Ende. Die Tulpen neigen sich demütig zur Tischplatte, um dann aber den Blütenkopf wieder aufzurichten. Sie sind schon zu müde, um das abendliche Schließen zu vollziehen, und man sieht bis in den offenen Blütenschlund mit den gelblichen Staubgefäßen. Es hat etwas Obszönes und Exhibitionistisches an sich, als würde man einer Frau unter den Rock schauen.

Irgendwann sind die Tulpen so müde, dass sich ihre Köpfe nicht mehr aufrichten. Blutleer und papieren wirken die Blütenblätter, die Farbe zieht sich in die Ränder zurück. Man erkennt sie kaum noch als Tulpe, vielmehr glaubt man eine Rose vor sich zu haben. Das langsame und würdevolle Sterben meines Tulpenstraußes in der Vase hat begonnen. Bis zum letzten gefallenen Blütenblatt lasse ich den Strauß auf dem Esstisch stehen. Jedes Mal, wenn ich zu schnell vorbeigehe, fallen einige Blütenblätter lautlos auf den Tisch, bis nur mehr die Stängel übrig sind. Daher liebe ich Tulpen in der Vase, Tulpen ohne jedes Beiwerk, allein nur Tulpen.

GÄRTNERSEELE

Warum bin ich Landschaftsgärtner und Landschaftsarchitekt geworden? Dass ich einen Beruf mit der Natur, mit Pflanzen wählen würde, war mir schon als Sechsjähriger klar. Alle Altersgenossen träumten Feuerwehrmann, Polizist, Astronaut, Baggerfahrer usw. zu werden. Wenn ich gefragt wurde, sagte ich immer ganz klar und deutlich, dass ich Gärtner werde. Es war nicht der Beruf, mit dem man mächtig Eindruck machen konnte, aber ich war der Einzige, der den Traumberuf seiner Kindheit verwirklichen konnte. Die Leidenschaft dafür habe ich von meiner Mutter vererbt bekommen. Sie war es auch, die mein Talent und meine Begeisterung früh erkannte und förderte. In allen Gartenangelegenheiten durfte ich mithelfen, ich lernte das Veredeln von Obstbäumen, die Aussaat und das Pflanzen von Gemüse, die Stecklingsvermehrung unserer Pelargonien für den Fensterschmuck, das Okulieren von Kirschen und Rosen, die Pflege der Obstbäume, aber auch das lästige Unkrautjäten und das sorgsame Gießen von Pflanzen.

Damals wurden Pflanzen nicht gekauft, sondern man erweiterte mit Tausch die Vielfalt im Garten, das schärfte meine Neugierde und das Interesse an den Gärten in der Nachbarschaft. Nicht selten kam es vor, dass man von Besuchen mit einer Schachtel voller

Wurzelwerk, Ablegern oder Setzlingen nach Hause kam. In botanischen Gärten oder auf Gartenschauen versuchte ich, in unbeobachteten Momenten einige Wurzelschösslinge auszugraben oder Samen zu ernten. Sehr bald bekam ich meinen eigenen Garten, da diese Tauschgeschäfte und die Leidenschaft für Pflanzen viel Platz beanspruchten. Ich gab allen Pflanzen meine eigenen Namen, die eng mit ihrer Herkunft zusammenhingen. So gab es Tante Annis Glockenblumen, der Nachbarin Studentenbusserl, Marias Saftmelisse, Neufeldner Sonnenblumen, Salzburger Margeriten oder Wiener Riesentagetes. Aus diesen ersten gärtnerischen Gehversuchen wuchs meine Begeisterung und ich bezeichne mich immer noch als Mensch mit einem der schönsten Berufe.

Das Arbeiten im Rhythmus der Jahreszeiten hat etwas Magisches und Erdverbundenes. Pflanzen sind die Hauptakteure im Garten, sie verändern ihr Kleid viermal im Jahr, sie gedeihen und wachsen jedes Jahr zu einer anderen Größe heran. Man plant und baut, nichts ist zu hundert Prozent kalkulierbar, aber genau das macht das Arbeiten mit Pflanzen so spannend. Im Garten gibt es auch viele Experimentiermöglichkeiten, was in der Architektur nicht mehr machbar ist, denn zu viele Normen und Reglementierungen ordnen das Bauwesen.

Der Garten ist ein wunderbarer Ort zum Arbeiten. Handwerkliches Können, Erfahrung, künstlerische Entfaltungsmöglichkeiten und eine Arbeit, die schmutzig macht, machen den Beruf des Landschaftsgärtners und des Landschaftsarchitekten zu meinem Traumberuf!

DAS OBSTGARTENJAHR MEINER KINDHEIT

Es war kein Garten im eigentlichen Sinn, sondern die Wiesen um den Bauernhof waren voll mit Obstbäumen. Diese Streuobstwiesen bildeten einen grünen, schützenden Saum um den Hof. Es gab alle Größen und Formen von Bäumen, ein Pflanzmuster war erkennbar. Beschädigte oder durch Stürme entwurzelte Bäume wurden sofort wieder ersetzt. Es gab ganz zarte Pflänzchen, dünne Ruten, neben alten, ehrwürdigen riesigen Mostbäumen. Viele waren schon sehr alt, oft nur mehr ein Gerippe, ein Skelett, abgemagert bis auf den Stamm, mit vielen Löchern und Hohlräumen. Ganze Reihen neigten sich andächtig in eine Richtung, als wollten sie vor etwas fliehen. Dass ein Baum ohne Grund entfernt wurde, habe ich nie erlebt. Meine Mutter pflegte immer zu sagen, ein alter Baum ist wie ein alter Mann, dem Würde und Respekt gebühren. Ein Baumleben ist vergleichbar mit dem eines Menschen, weit über sechzig Jahre kann ein Obstbaum blühen und fruchten. Im Spätwinter wurden die Bäume ausgeschnitten, altes Holz wurde entfernt und die Kronen ausgelichtet. Mit Hilfe langer Leitern turnte man in den Bäumen herum. Reisighaufen am Boden zeugten von der mühsamen und oft gefährlichen Arbeit. Die Obstbaumblüte ist der Höhepunkt des Jahres, die Kirschen beginnen den Reigen und er endet mit der schneeweißen Blüte der Mostbirnbäume. Ein Blütenregen weht durch den Garten, man wähnt sich in einem Schneesturm. Eine Klangwolke aus Bienen, Hummeln, Schwebfliegen, Schmetterlingen, Vögeln erfüllt den Obstgarten. Die gelbe Löwenzahnwiese breitet einen würdigen Teppich aus für das Blütenfest. Die ersten Kirschen leuchten bereits Anfang Juni rot aus dem Baum und locken unwiderstehlich. Im August fallen die ersten grünen Kläräpfel vom Baum. Dann geht es Schlag auf Schlag, Pflaumen, Ringlotten, Birnen und noch mehr Äpfel werden reif. Die Bäume können ihre Früchte kaum tragen, eilig werden Stangen als Unterstützung aufgestellt. Alles findet Verwendung, Fallobst wird zu Most verarbeitet, Zwetschken kommen in die Maische zum Schnapsbrennen, und die letzten Hauszwetschken im Baum werden zu Dörrpflaumen verarbeitet. Das letzte Obst, das geerntet wird, sind die Asperln. Bei Schnee und Eis kommen sie vom Baum. Im Herbst werden die Baumstämme mit Bürsten gereinigt und bekommen einen Kalkanstrich, als Schutz vor Frostschäden und zur Schädlingsbekämpfung. Es hat etwas Religiöses und Rituelles an sich, wenn die Baumstämme plötzlich weiß leuchtend im Herbstbraun stehen. Junge Bäume werden noch zusätzlich mit Jutesäcken vor Wildverbiss geschützt.

Im Winter wirken die Bäume skulpturhaft. Der Charakter jedes Baumes wird sichtbar, vor Stolz aufwärtsstrebend über luftig und empfindsam bis mächtig tief verwurzelt. Holzasche vom Küchenherd wird ausgestreut, um Nährstoffe für das nächste Frühjahr in den Boden zu bringen, damit das Obstgartenjahr wieder von Neuem beginnen kann. Der Obstgarten, ein Kreislauf mit Respekt und Dankbarkeit, ein Kreislauf voller Schönheit und Nachhaltigkeit!

FERNWEH

Ein Rundgang in meinem Garten lässt mich von fernen Ländern träumen, besänftigt mein Fernweh und die Vorfreude auf künftige Reisen wächst. Im Vorgarten treffe ich auf die Zaubernuss *(Hamamelis mollis)*. Sie kommt aus dem Südwesten Chinas und wächst im Dickicht der Wälder von Sichuan. Diese Provinz gilt in der chinesischen Poesie als Synonym für das „Land des Überflusses". Kein Wunder, denn Sichuan hat eine unglaubliche Vielfalt an Flora und Fauna, die meisten lebenden Fossilien kommen aus dieser Region.

Wenn ich am Rhododendronbeet vorbeikomme, bin ich gedanklich sofort im türkischen Trabzon am Schwarzen Meer. An den Hängen des ostpontischen Gebirges habe ich die beeindruckendsten Rhododendren gesehen. Neben Teeplantagen gab es Wälder mit baumartigen Rhododendren *(Rhododendron ponticum)*. Je höher man kam, umso dichter und üppiger wurden die immergrünen Pflanzen. Was für einen violetten Blütenhimmel muss es im Juni geben, wenn diese Rhododendren blühen. Auf dem Weg in den Hauptgarten machen wir in Nordamerika Station. Von Kanada ausgehend über die Mammutwälder in Kalifornien bis nach Florida finden wir den amerikanischen Blumenhartriegel *(Cornus florida)*. Seine weißen, sternförmigen Blüten sind vier verwachsene Hochblätter. Er wächst in seiner Heimat im lichten Schatten von großen Wäldern und kann dort bis zu zwölf Meter hoch werden. In meinem Garten bringt er es gerade einmal auf drei Meter Höhe. Mein Neuzugang im Rosenbeet ist eine Persische Rose *(Rosa persica)*. Eigentlich ist sie eine Kreuzung mit der heimischen Wildrose und überzeugt durch ihre Schlichtheit und das kräftig leuchtende Auge in der Blütenmitte. Sie erinnert mich an die neugierigen Augen der Iraner, sehr interessiert, ohne jemals aufdringlich oder mühsam zu sein. Eine richtige Wüstenpflanze in meinem Garten ist die Tamariske *(Tamarix pentandra)*. Sie liebt die Trockenheit, durchlässige Böden und einen hohen Salzgehalt. Beheimatet ist sie im nördlichen Afrika, wo man ganze Wälder entlang der Küste findet. Den schönsten Tamariskenwald habe ich im marokkanischen Agadir entdeckt. Im lichten, diffusen Schatten konnte ich entspannt eine Flamingo-Kolonie in einer Bucht beobachten.

Die letzte Destination meiner Gartenweltreise ist Südchile und Patagonien. In den Anden ab circa 600 Metern Höhe findet man die Chilenische Küstentanne *(Araucaria araucana)*. Ihre schuppenartigen Nadeln lassen diesen Baum außerirdisch, sozusagen als nicht von dieser Welt kommend, aussehen. Dieser Eindruck täuscht nicht, gehört sie doch zu den ältesten Baumfamilien weltweit. In der Heimat wachsen sie zu Baumriesen von bis zu fünfzig Metern Höhe, wobei ich auf meine zwei Meter hohe Küstentanne auch schon stolz bin. Wie man sieht, es braucht nicht achtzig Tage, um die Welt zu bereisen. Es genügen achtzig Schritte in meinem Garten, um eine botanische Weltreise zu machen.

VON ZITRONENFALTERN UND ZITRONENKUCHEN

Heute, Anfang Februar, habe ich den ersten Zitronenfalter des Jahres an einem sonnigen Gehölzrand gesehen. Da wurde mir warm ums Herz. Leuchtend gelb zog er flattrig und quirlig seine Runden, er genoss wie ich die wärmende Frühlingssonne. Er trägt meine Gedanken fort, lässt meine Träume fliegen, lautlos, still und sanft entschwindet er im Braun des Spätwinters, um dann unvermutet wieder aufzutauchen. Jetzt entdecke ich mehrere Falter, wie sie taumelnd, tanzend und spielend durch die Lüfte schweben. Die Zitronenfalter sind die Vorboten des Frühlings, sie zeichnen mit ihrem intensiven Gelb fröhliche Farbtupfer in den noch recht braunen Vorfrühlingstag. Sie sind so schnell und flatterhaft, dass ich ihnen mit den Augen kaum folgen kann.

Ich suche die nähere Umgebung ab und entdecke sofort den Grund für das Vorkommen des Zitronenfalters. Es ist der Faulbaum, ein unscheinbarer kleiner Strauch, der rutenartig in die Höhe strebt. Man erkennt ihn an den Trieben, die mit weißen Punkten überzogen sind. Der Zitronenfalter legt seine Eier an die Knospen des Faulbaumes, damit die Raupen gleich bei ihrer einzigen Nahrungsquelle sind, den frischen Blättern dieses Strauches. Der Zitronenfalter überwintert als einziger seiner Art als fertiger Schmetterling, daher kann man ihn so früh entdecken.

Die Lebensdauer von zwölf Monaten ist eine der längsten aller Schmetterlingsarten. Die intensiv gelben Falter sind die Männchen. Die Weibchen sind blassgelb, dem Kohlweißling ähnlich. Die rötlichen Punkte wirken wie Muttermale auf den Flügeln. Der frisch geschlüpfte Schmetterling macht bald einen Sommerschlaf und wird erst im Herbst wieder aktiv.

Flieg, Schmetterling, flieg und bring mir den Frühling! Flieg, Schmetterling, flieg und zeig mir was Leichtigkeit ist. Flieg, Schmetterling, flieg und zeig mir, wie sich Freiheit anfühlt. Flieg, Schmetterling, flieg und nimm mich mit auf deine Reise. Wer dieses Fliegen in seinem Garten erleben will, der braucht nur einen Faulbaum zu pflanzen, und diese Flatterhaftigkeit hält Einzug. Zitronenfalter sind leuchtende, leise und quicklebendige Frühlingsboten. Sie tragen die Frische und das Leuchten des Frühlings in sich, sie erinnern mich an einen saftigen, tiefgelben, leicht säuerlich schmeckenden Zitronenkuchen.

MEIN KLEINES VEILCHEN

Mein kleines Veilchen, auf dich kann ich immer zählen, auch wenn ich das ganze Jahr nicht an dich denke. Erst wenn du deine Blüten treibst, bist du wieder ganz nah bei mir. Wie konnte ich deinen betörenden Duft, dein Königsblau und deine Bescheidenheit vergessen? Du verzeihst mir meine Vergesslichkeit, meine Undankbarkeit und meinen Hochmut. Du warst vergessen zwischen den mächtigen Pfingstrosen, den stolzen Stockrosen und den empfindsamen Rittersporen. Du brauchst weder meine Bewunderung noch meine Aufmerksamkeit, es genügt dir, wenn dein verführerischer Duft meine Nase kitzelt, wenn dein Königsblau meine Augen zum Leuchten bringt und wenn ich mich zu dir hinabbücke, um deine volle Schönheit zu erfassen.

Ich denke, das ist dein Geheimnis: Du schaffst es, mit deiner Bescheidenheit, deiner Zurückhaltung und deiner Größe zu beeindrucken. Aber du verführst nicht nur mit deinem Duft und deiner Farbe; deine kandierten Blüten zergehen auf meiner Zunge, der Likör wärmt meinen Magen und der Tee aus deinen Blüten beruhigt meine Seele. Dein Duft an einer Frau ist verführerisch und gefährlich zugleich. Mein Veilchen inspiriert und wird zu Musik und zu Poesie, in Gedichten und Liedern bist du ebenso zu Hause wie in meinem Garten.

Du beflügelst die Fantasie und deine Anmut lässt mich erblassen, es ist die Schönheit im Kleinen. Mein Veilchen heischt nicht um Aufmerksamkeit, geduckt und mit deinen geknickten Blütenköpfchen wirkst du fast schüchtern und scheu. Was würde ich dafür geben, so wie mein Veilchen zu sein. Man bückt sich, um dir nahe zu sein. Man beugt sich vor dir, um dich besser kennenzulernen. Man kniet vor dir, um dich zu streicheln. Das Veilchen lehrt einen, Mensch zu sein.

WORTMALEREI

Pflanzennamen tragen so viel Verheißung, Vorahnung und Erwartung in sich! Sie entführen und nehmen einen mit auf eine Reise. Man kann sich verlieren und verirren in den Namen, sie sind so vielversprechend und abenteuerlich, aber oft auch nur prahlerisch, übertrieben und laut. Eisenhut und Schwertlilie klingt irgendwie nach Krieg im Staudenbeet. Die lanzenartigen Blätter der Schwertlilie werden mit dem Metallhelm des Eisenhutes abgewehrt. Eine spannende Vorstellung, gerade bei den aktuellen kriegerischen Auseinandersetzungen in Europa. Gesellen sich noch das Löwenmaul und das Schildblatt dazu, wird es beängstigend. Das im Frühling blühende Adonisröschen und der Mannstreu wecken männliche Fantasien und Eitelkeiten im Garten. Das Greiskraut, die Herkulesstaude und die Narzisse würde ich auch zu dieser Kategorie zählen.

In himmlische Sphären kommen wir mit dem mächtigen und rasch wachsenden Götterbaum oder der zarten Himmelsleiter. Das Heiligenkraut finden wir im Kräutergarten und der Königskerze begegnen wir auf Schutthalden und vergessenen Standorten. Mit der Angst bekommen wir es beim Kratzkraut, bei der Wasserpest, dem Warzenkraut und der Bleiwurz zu tun. Die giftige Wolfsmilch und die Tollkirsche wirken auch einschüchternd und beängstigend.

Appetit und Hunger bekommen wir bei den Namen der Zimthimbeere und des Erdbeerbaums. Es klingt nach Schlaraffenland und fliegenden gebratenen Tauben. Teufelskralle und Teufelsspazierstock scheinen aus der Fabelwelt zu kommen. Mit dem Bärenklau, dem Drachenkopf und dem Mammutblatt wachsen Ungeheuer im Garten. Jedoch ist der Name beim Anblick dieser Pflanzen selbsterklärend.

Das Tränende Herz, das Vergissmeinnicht und das Stiefmütterchen lassen unsere kleinen menschlichen Schwächen im Garten erblühen. Wer braucht da noch die komplizierte botanische Nomenklatur aus altgriechischen und lateinischen Wörtern? Schöner, treffender und fantasievoller als mit ihren deutschen Namen kann man Pflanzen nicht beschreiben.

GARTENPOLITIK

Jedem Garten wohnt eine Idee inne. Dieser Idee folgend bedarf es Eingriffe, Anpassungen und Veränderungen in einem lebenden Organismus wie dem eines Gartens. Es muss klar ersichtlich sein, welcher Idee man folgt und welche Ziele man erreichen will. Wer glaubt, ein Garten sei nichts anderes als pure Natur, wird schnell eines Besseren belehrt. Ein Garten ist ein abgegrenztes Stück Land, in dem Pflanzen vom Menschen in Kultur genommen und somit gepflegt werden. *(Definition lt. Wikipedia)*

Wer einen Garten besitzt, übernimmt auch die Verantwortung und die Pflicht, ihn zu hegen und zu pflegen, gleichsam auf den Garten aufzupassen. Diese Verantwortung hat viel mit Politik im herkömmlichen Sinn zu tun. Es braucht eine Vision, vorausschauendes Handeln und eine langfristige Strategie. Neben Mut und Entscheidungsfreude sind auch Umsetzungsqualitäten, wie rasches Handeln, Intuition und Anpacken, gefragt. Scheinbar altmodische Tugenden, wie Geduld, Ausdauer, Demut und Dankbarkeit, sind erforderlich. Auch Experimentierfreudigkeit und Unvollkommenheit sind Ingredienzien erfolgreichen Gärtnerns. Zögern und Zaudern hingegen rächen sich schnell. Fachliche Kompetenz wird vorausgesetzt. Eine falsche Pflanzenkombination oder eine falsche Standortwahl sind Anfängerfehler.

Erfahrung ist eines der wichtigsten Kriterien, um seinen Garten wohlwollend zu pflegen, zu erhalten und weiterzuentwickeln. Beobachten, Spüren und Intuition sind wichtiger als theoretisches Wissen. Man sagt nicht umsonst, Gärtner werden nicht älter, sondern besser.

Ein Gärtner zieht die Fäden in seinem Reich, greift korrigierend ein, fügt etwas hinzu oder nimmt etwas weg. Zu üppig gewachsene Bäume und Sträucher werden beschnitten, ausufernde und schnell wachsende Stauden werden im Zaum gehalten, empfindliche und zarte Pflänzchen hingegen beschützt und hofiert. Ein Gärtner liebt seinen Garten und behält immer das Ganze im Auge. Lauter Populismus und Alibihandlungen kommen im Garten nicht gut an. Es rächt sich schnell, wenn man jedem Gartentrend hinterherläuft, auf kurzfristige Erfolge setzt oder glaubt, die Naturgesetze missachten zu können. Gartenpolitik ist, wie man sieht, der Realpolitik nicht unähnlich. Dennoch würde ich meinen Beruf als Gärtner nie gegen den eines Politikers eintauschen. Vielleicht wäre der Garten eine gute Schule für unsere Politiker, denn Vision, Mut, Ausdauer, Geduld, Weitblick und einer Sache dienend vermisst man häufig in unserer realen Politik.

„OMBRA MAI FU"
DIE LIEBE ZUR PLATANE

In der Oper „Xerxes" von Georg Friedrich Händel wird in der wunderschönen Arie „Ombra mai fu" (dt.: Nie war ein Schatten) die Liebe zur Platane besungen. Es mutet etwas sonderbar an, wenn ein Kriegsherr seine Liebe zu einer Platane gesteht, wenn er singend einem Baum seine Liebe erklärt. Xerxes mag ein exzentrischer Herrscher gewesen sein, aber war er wirklich so verrückt, einen Baum zu besingen? Vielleicht doch – denn er ließ auch das Meer auspeitschen, nachdem ein Sturm seine Brücke über die Dardanellen zerstört hatte. Ich aber glaube, es war der kühlende Schatten dieser Platane, der Xerxes zu diesem Liebesgeständnis hinreißen ließ: *„Nie war der Schatten einer Pflanze süßer, lieblicher und angenehmer"*, heißt es im Arientext, überschwänglicher Dank für kühlenden Schatten in der Hitze des Tages. Die hochemotionale Musik erzählt und lässt fühlen, wonach sich Xerxes wirklich sehnt, und dafür muss die Platane herhalten.

„Zarte und schöne Blätter meiner geliebten Platane, euch möge das Schicksal leuchten. Donner, Blitze und Unwetter mögen nie den teuren Frieden euch stören, noch komme ein gieriger Südwind, euch zu entweihen", heißt es in einer anderen Textzeile. Schöne, große, ahornähnliche Blätter hat die Platane, zart sind sie keinesfalls, hier mischt sich Xerxes' Sehnsucht nach seiner Geliebten, Amastre, in das Geschehen ein.

Die Platane fehlt in keiner Inszenierung von „Xerxes" auf der Bühne, man erkennt sie ganz leicht an der schuppenartigen Rinde. Die Stämme sind mit einem Mosaik aus hellgelben, grünlichen und grauen Flecken überzogen, das entsteht, weil die Borke jährlich abblättert. Weil die Rinde nicht mitwächst, wird sie im Sommer mit zum Teil lautem Geräusch abgeworfen. Die Mode und das Militär bedienen sich dieses Musters. Als Camouflage ist es als Tarn- und Modefarbe sehr beliebt. Die Bäume entfalten im unbelaubten Zustand eine skulpturhafte Wirkung, wie Soldaten, wie Kriegsrelikte stehen sie in unseren Straßen.

Platanen werden sehr große und sehr alte Bäume, tausendjährige Platanen sind keine Seltenheit, viele gibt es in Griechenland. In den Großstädten zählt die Platane zu den meistverwendeten Bäumen, da sie sehr gut mit der Hitze, der Trockenheit und der Bodenversiegelung zurechtkommt. Der Perserkönig Xerxes hat zwar den Krieg gegen die Griechen verloren, aber die Philosophie des Abendlandes war gerettet und die Platane kam nach Europa, um hier zu bleiben. Die Arie „Ombra mai fu" gehört zu den schönsten Arien, welche uns die Musikgeschichte geschenkt hat.

VON DER LUST AN DER GARTENARBEIT

Gestern habe ich den ganzen Tag im Garten gearbeitet. Ein Baum wurde gefällt, Rosen, die schon zu weit zum Nachbarn gewachsen sind, wurden wieder in den Garten zurückgeschnitten. Stauden, die sich im ganzen Beet ausgebreitet haben, wurden wieder eingefangen, auch frischer Kompost wurde verteilt. Das Arbeiten im Garten hat mich richtig erfüllt und zufrieden gemacht. Ich habe es nicht als Arbeit empfunden, sondern als Genugtuung, ja fast als Meditation. Die Arbeiten, die zu machen sind, gehen mir gut von der Hand, ich brauche nicht viel darüber nachzudenken oder einen Plan zu erstellen. Gartenarbeit macht meinen Kopf frei, vergessen sind der komplizierte Alltag oder sonstige Schwierigkeiten. Das Gefühl, etwas mit den eigenen Händen zu schaffen, erfüllt, man sieht gleich den Erfolg. Man fühlt sich nicht als Rädchen in einer langen Reihe, wo das Ergebnis nicht beeinflussbar ist.

Gartenarbeit ist widerspruchslos; alles, was man tut, muss man nur mit sich selbst und seinem Garten ausmachen. Es wird nicht gemeckert, geschimpft oder kritisiert, man tut es einfach. Ob es richtig oder falsch ist, wird erst in ein paar Monaten oder im nächsten Jahr sichtbar. Da hat man aber meist schon vergessen, was man gemacht hat. Gartenarbeit macht verantwortungsbewusst, die Natur zeigt sehr schnell, wenn etwas aus dem Ruder läuft.

Geschichte N°11 | April

Hat man einen Baum zu stark zurückgeschnitten, straft er mit noch kräftigerem Austrieb. Wurde das Unkrautjäten auf die lange Bank geschoben, findet man sich schnell auf verlorenem Posten, man wird des Unkrauts nicht mehr Herr. Kümmert man sich nicht regelmäßig um seine Gemüsebeete, war alle Mühe umsonst. Wird gegen die Schneckenplage nicht schon zu Saisonbeginn im Frühjahr etwas unternommen, gibt es im Sommer eine wahrhaft biblische Plage.

Gartenarbeit lehrt Geduld und Ausdauer. Man pflanzt und sät, man schneidet und formiert, die Früchte dieser Arbeit sind jedoch oft erst in Wochen, Monaten oder Jahren zu sehen. Bei einem Birnbaum kann es bis zu zehn Jahre dauern, bis er endlich Früchte trägt. Eine Pfingstrose bekommt erst nach drei Jahren die erste einsame Blüte. Gärtnern ist nichts für Ungeduldige und Hektiker, Gelassenheit und Geduld sind die Tugenden des Gärtners.

Gartenarbeit ist nichts für Zauderer und Zögerer! Wer sich beim Entscheiden schwertut, wird im Garten von schier unlösbaren Problemen überhäuft. Ständig gilt es schnelle und sichere Entscheidungen zu treffen: Soll dieser Ast weg oder kann er bleiben, wann ist der beste Zeitpunkt für das Unkrautjäten, wie viele Sämlinge vom Fingerhut lasse ich für das nächste Jahr stehen und so weiter. Gartenarbeit lässt einen seinen Körper spüren! Man bewegt sich an der frischen Luft, man schwitzt, man bekommt einen Muskelkater, vielleicht auch Rückenschmerzen. Es zeigt sich, wie unsportlich unser Körper geworden ist – und dass es wieder Zeit für mehr Bewegung oder Gartenarbeit ist. So viel Lust auf Gartenarbeit!

MAGNOLIENHAIN

Ein Himmel voller Magnolien

Magnolienhain klingt nach Götterhain. Der Magnolienhain, von dem ich heute erzähle, strahlt auch etwas Göttliches, etwas Feierliches und Erhabenes aus. Im Frühjahr kann ich es kaum erwarten, bis der Hain in Blüte steht. Ein zartrosa Blütenhimmel steigt auf und verdoppelt sich im Spiegel des angrenzenden Wasserbeckens. In weitem Bogen spannen sich die Magnolien würdig Richtung Wasserbecken. An beiden Seiten des Beckens säumen je dreizehn Magnolien den Weg, die Spiegelung auf der Wasserfläche vervielfacht deren Anzahl. Mehrstämmig, breit und ausladend bilden sie einen grünen Baldachin über dem Weg. Sie wirken verwunschen, verträumt und eben auch göttlich mit ihren knorrigen, krummen und dunklen Ästen. Der Weg endet an einer großzügigen Balustrade, eine Doppeltreppe führt zu einem tieferliegenden Parterre und gibt einen wunderbaren Blick auf die Stadt frei. Man sieht das moderne Linz mit den Hochhäusern im Bahnhofsviertel und die dahinterliegende Industrielandschaft.

Der Magnolienhain führt zum Licht und zum Weitblick. Der Blick zurück über das Wasserbecken hingegen ernüchtert, ein gesichtsloser Bürobau beschließt die Achse, mutlose und austauschbare Architektur. Für den Brutalismus zu feige und für Innovationen zu bequem, macht sich dieser Bau breit. Was für eine unrühmliche Bausünde der Stadt Linz, erst 1972 wurde die Jugendstilvilla der Familie Hatschek abgerissen und durch diesen charakterlosen Bau ersetzt. Einzig und allein das Wasserbecken, die Balustrade, viele Skulpturen und einige Pavillons sowie das Pförtnerhaus mit einem mächtigen Tor erinnern an die Villa und die großzügige Gartenanlage.

Ich denke, diese historischen Überreste machen meinen Magnolienhain zu einem göttlichen, verwunschenen Hain. Zurzeit mache ich bei meinem Morgenlauf immer einen kleinen Umweg, um die Entwicklung der Blüten genau zu beobachten, um ja nicht den Höhepunkt zu versäumen, um dann auf einer Decke ein Picknick unter den blühenden Magnolien zu machen. Eine zartrosa Wolke schwebt über dem Kopf, ein Himmel voller Tulpenmagnolien, große kelchförmige Blüten sitzen stehend in den Zweigen. Blüte an Blüte, dicht gedrängt, sitzen sie wie Papageien im Geäst. Die Krone der Blüte ist zart weiß-rosa, je näher an der Blütenbasis, umso dunkler färbt sich der Blütenkelch. Bienen hört man keine um den Magnolienstrauch, denn die Bestäubung wird von Käfern übernommen. Bienen gibt es erst seit etwa 110 Millionen Jahren, Magnolien hingegen seit 400 Millionen Jahren, der frühen Kreidezeit.

Die samtigen, flauschigen Knospen sind schon aufgebrochen und harren eines besseren Wetters, bevor sie sich vollkommen öffnen und ich mein erstes Picknick unter dem Magnolienhimmel abhalten kann. Natürlich nur zu zweit und ganz romantisch.

DIE WOLFSMILCH

Ein hektischer, arbeitsreicher Frühlingstag, Hochsaison für Landschaftsgärtner und Landschaftsarchitekten. Es galt Baustellen zu betreuen, Kunden zu beruhigen, Ideen für neue Gärten zu finden, Präsentationen vorzubereiten und vieles mehr. Für selbst Anpacken auf einer Gartenbaustelle bleibt da kaum noch Zeit. Umso erfreulicher ist es für mich, wenn es die Möglichkeit gibt, Pflanzen in einem Garten zu positionieren, Pflanzen auszulegen, damit die Farbtöne, die Höhen, die Nachbarschaften so werden wie ausgedacht, damit zusammen wächst, was zusammengehört.

Die Pflanzen standen bereit, um im Beet verteilt zu werden. Einige wurden aus dem alten Garten übernommen, das ist für mich eine Geste des Respekts vor Gewachsenem. Unter diesen waren einige Walzen-Wolfsmilch-Pflanzen mit der botanischen Bezeichnung *Euphorbia myrsinites*. Stahlblaue, schuppenartige Blätter sind rund um den Stängel verteilt. Auch ohne Blüten ist die Pflanze eine recht imposante Erscheinung. Mit gelbgrünen Hochblättern täuscht sie eine Blüte vor, um Insekten anzulocken. Es waren schöne und mächtige Exemplare, die es zu verpflanzen galt. Bevor sie in die Erde kamen, wurden sie kräftig zurückgeschnitten und eingekürzt. Die klebrige Milch, die wie Blut aus den Stängeln floss, verteilte sich auf meinen Händen.

Nach getaner Arbeit ging es, ohne die Hände zu waschen, zum nächsten Termin. Während der Fahrt zurück ins Büro verzehrte ich auch meine mitgenommenen Jausenbrote. Gegen Mittag begann mein rechtes Auge zu brennen, ich versuchte es mit viel Wasser zu reinigen, das Brennen ließ nach, obwohl das Auge ziemlich gerötet war. Vor lauter Arbeit beachtete ich die Sache nicht weiter. Am Abend begann dann auch mein zweites Auge zu brennen, noch heftiger als das andere. Ich legte mich früh schlafen und dachte, über Nacht würde alles besser werden. Am nächsten Tag war alles schwarz vor meinen Augen, ich konnte nichts mehr sehen und es brannte höllisch. Nun bekam ich es mit der Angst zu tun und ließ mich in die Augenambulanz bringen. Neben mir wartete eine ältere Frau ebenfalls auf eine Untersuchung ihrer Augen. Sie klagte mir ihr Leid, dass sie einen Spritzer einer Wolfsmilchpflanze in die Augen bekommen hätte. Erst jetzt machte es klick bei mir und ich erkannte die Ursache meiner Schmerzen. Klar, ich hatte keine Handschuhe getragen, mit dem Reiben brachte ich immer mehr Wolfsmilch in meine Augen.

Ich hatte Glück im Unglück: Ich blieb eine Nacht im Krankenhaus, mir wurden jede Stunde die Augen gespült. Zwei Monate hatte ich eine getrübte Sicht, sie verbesserte sich aber rasch, bis ich wieder ohne Einschränkung sehen konnte. Die Menge an Wolfsmilch war Gott sei Dank sehr gering gewesen. Die ältere Dame aber ist auf einem Auge erblindet. Trotz dieser Erfahrung möchte ich diese immergrüne und sehr dekorative Pflanze nicht missen. Sie ist Zierde für ein ganzes Jahr, anspruchslos und paradoxerweise auch ein Heilmittel!

KIRSCHBLÜTEN

Sie blühen wieder, die Kirschbäume. Jedes Jahr überraschen sie einen von Neuem mit ihrer Üppigkeit und ihrer unschuldigen Schönheit. Die weiß blühenden Kirschbäume eröffnen die Obstbaumblüte. Wer genau hinsieht, entdeckt die Vielfalt und die Verschiedenheit der einzelnen Fruchtsorten bereits in der Blüte. Kirschblüten kommen immer in Büscheln vor, in sogenannten Bouquetknospen. Vom üppigen, runden, schneeballförmigen Blütenball bis zu flach anliegenden Blüten findet man eine große Bandbreite. So ein blühender Kirschbaum ist erfüllt von intensivem Treiben. Einem Bienenstock gleich, brummt, summt und surrt es im Baum. Ein Picknick unter einem blühenden Kirschbaum ist meditativ, beruhigend und einschläfernd. Sitzt oder liegt man hingegen unter einer blühenden Japanischen Zierkirsche, ist es ganz still und leise. Man glaubt, das lautlose Zu-Boden-Gleiten der Blütenblätter zu hören. Diese Zierkirschen sind gefüllt blühend und tragen keine Früchte, weshalb das Summen und emsige Treiben im Baum fehlt. Ein Blick in den Baum lohnt sich allemal, denn man fühlt sich, als ob man unter den Tüllrock eines Mädchens schauen würde. Dicht aneinandergedrängt hängen die Blüten vom Baum. Zartrosa, spitze Blütenblätter ergeben einen dichtgefüllten und gerafften Tüllhimmel. Besonders schön wird es, wenn eine leichte Windböe in den Baum fährt und es einen rosa Blütenregen gibt, der lautlos zu Boden fällt.

Vogelkirsche (Prunus avium)

DER GARTENZAUN

Ein Gartenzaun ist wie das Negligé einer Frau, er macht neugierig und man will sehen, was sich dahinter verbirgt. Heute muten viele Gartenzäune wie Zwangsjacken an, sie verdecken alles brutal und schützen wie ein Panzer. Ein guter Gartenzaun verdeckt das Wesentliche, regt aber die Fantasie an, was sich dahinter verbergen könnte. Die heutigen Zäune mutieren zum alleinigen und wichtigsten Gestaltungselement unserer Gärten. Einem Brett vor dem Kopf gleich erscheint die Manie, Gärten abzugrenzen, einzuzäunen, blickdicht zu machen. In den meisten Fällen stellt sich für mich die Frage, vor wem hat man Angst, vor wem schützt man sich? Vor fremden Blicken, vor neugierigen Nachbarn, vor dem Neid der anderen? Man sperrt sich ein, man lebt in seinen eigenen vier Wänden, ohne über den Gartenzaun zu schauen. Abgrenzen, was mir gehört! Seinen Besitz schützen, als müsste man diesen verteidigen.

In meiner Studienzeit gab es eine interessante Untersuchung: Welche Bilder entstehen als Erstes im Kopf, wenn man an Garten denkt? Bei uns Mitteleuropäern war es der Gartenzaun, bei unseren südlichen Nachbarn hingegen war es ein Baum mit einer wunderschönen Frau! Also sind wir wieder beim anfangs erwähnten Negligé. Zäune haben eine vielschichtige Aufgabe, sie sollen schützen und Privates vom Öffentlichen trennen. Zäune sollten aber auch die Neugierde stillen, gleichsam ein Über-den-Zaun-Schauen oder Durch-das-Schlüsselloch-Spähen zulassen, ein Eintauchenkönnen in eine fremde Lebenswelt. Im Gegenzug sollte der Zaun für den Gartenbesitzer ein wenig Exhibitionismus zulassen. Der schützende Zaun sollte Brücken nach außen bauen, Beziehungen zur Außenwelt herstellen, Blickachsen ermöglichen und Schönheiten aus den Nachbargärten miteinbeziehen. Diese Außenbeziehungen vergrößern den eigenen Garten und erweitern den Horizont. Der Gartenzaun mutiert zu einer Membran, die Austausch in beide Richtungen zulässt. Wo sind die zarten, einfachen, mit Rosen durchwachsenen Holzstaketenzäune, wo die Stauden, die neugierig über den Gartenzaun schauen? Wo sind die lebendigen Blütenhecken aus Flieder, Brautspiere, Jasmin, Perlmuttstrauch, Schneeball und Sommerflieder? Wo sind die schön schlank geschnittenen Hainbuchenhecken mit ihrem hellgrünen Austrieb? Wo sind die Obstspaliere, die Früchte tragen und gleichzeitig Sichtschutz bieten? Wo ist die Gartenmauer, die vollkommen mit Efeu verwachsen ist?

Stattdessen: Gitterzäune mit bedrucktem Gewebe, abwaschbar und steril. Endlose monotone Kirschlorbeerhecken ziehen sich einfallslos um das gesamte Grundstück. Zäune aus Steinkörben lassen die Kieswüsten in die Höhe wachsen. Glatte Metallflächen gelten als pflegeleichte Alternative. Gartenzäune sind zu einem austauschbaren Einheitsbrei verkommen. Es fehlt an Individualität, an Witz, an stimmigen Gesamtkonzepten von Haus und Garten. Ein Garten ist ein Paradies. Nur wer sein Paradies teilt, wird es als Paradies erkennen!

PFLEGELEICHT

Ein neuer Garten gehört geplant: zeitgemäß, pflegeleicht, architektonisch, reduziert – und vor allem zum Genießen. Man hat keine Zeit mehr für das Rasenmähen, das Gießen, zum Unkrautjäten oder für die Sträucherpflege. Wie ich dieses Wort „pflegeleicht" hasse! Der Garten wird zu einem abwischbaren, witterungsbeständigen Möbelstück degradiert, das man kurz vor der Benutzung abwischt und dann wieder unter einer Schutzfolie verschwinden lässt.

Welche Vorstellungen und Erwartungen haben zukünftige Gartenbesitzer an ihren Garten? Sind sie niemals Kind gewesen? Haben sie nie in der wilden Au oder in Großmutters Garten voller essbarer Überraschungen gespielt? Sind sie nie barfuß durchs hohe Gras gewatet? Haben sie noch nie die grasgrünen Stachelbeeren probiert? Grillen mit Grashalmen aus ihren Erdlöchern gekitzelt oder einen Regenwurm als Mutprobe in den Mund genommen? In einem pflegeleichten Garten hat das alles nicht Platz. Ein Mähroboter sorgt dafür, dass der Rasen immer gepflegt, getrimmt und englisch aussieht. Große Bäume sind aus den Gärten verschwunden: zu viel Arbeit, zu viel Laub und zu viel Angst vor Schatten. Große Markisen sollen den kühlenden Schatten der Bäume ersetzen. Kein Platz mehr für eine Schaukel im Baum oder ein selbstgezimmertes

Baumhaus. Dafür gibt es monströse Spielgeräte, die allen Normen entsprechen, damit sich unsere Kinder ja nicht verletzen. Sträucher als Begrenzung zum Nachbarn – Fehlanzeige, der blühende Rahmen des Gartens ist verschwunden. Blickdichte Zäune aus Metall, Stein oder Beton sind an ihre Stelle gerückt. Keine Blüte, kein Blatt, keine Frucht soll den Garten verunreinigen. Wo können Kinder noch Verstecken spielen, wenn es keine dunklen und uneinsehbaren Ecken gibt? Bunte Staudenbeete gibt es nicht mehr, überall sind Kiesbeete mit ein paar verhungerten Gräsern oder Stauden zu sehen. Selbst die Jahreszeiten sind aus unseren Gärten verschwunden, kein Vorfrühling, kein Nachsommer, das Gartenbild monoton gleichbleibend, starr und unveränderlich.

Üppige und vielfältige Gemüsegärten wurden wegrationalisiert. Die bunte Mischung aus Gemüse, Kräutern, Stauden und Beerenobst bedeutet zu viel Arbeit. Die Zeit reicht gerade noch für ein kleines Hochbeet. Die Vielfalt echter Gemüsegärten ist beeindruckend mit ihrer vergänglichen Schönheit. Große Obstbäume sind eine Seltenheit in den neuen Gärten. Sie machen nur Mist, ziehen die Wespen an und stören den automatischen Rasenmäher bei seiner Arbeit, lautet das gängige Argument. Man hat vergessen, dass Ernten einmal der Sinn eines Gartens war. Vor lauter Pflegeleichtigkeit und Faulheit vergessen wir, was einen richtigen Garten ausmacht. Es ist die Sehnsucht, es sind die Kindheitserinnerungen, es sind die Üppigkeit und die Vielfalt. Es sind aber auch der Schweiß, die Ausdauer, die Geduld und die Aufmerksamkeit, die ein Garten von uns fordert – und dafür beschenkt er uns reich!

DIE SEELE EINES GARTENS

Wir alle kennen Gärten, in denen wir uns sofort wohlfühlen, die einen sofort in ihren Bann ziehen, wo man sich sofort zu Hause fühlt. Woher kommt dieses Wohlgefühl, diese Stimmung? Ist es, weil uns der Garten an die Kindheit erinnert? Weil Erinnerungen an Urlaube oder Reisen wach werden? Weil der Garten unserem Idealtyp eines Gartens entspricht? Weil wir an Gärten in der Kunst oder Literatur erinnert werden? Weil wir uns im Paradies wähnen? Vielleicht ist es die Harmonie, die Ausgewogenheit, die Geborgenheit, das paradiesische Gefühl, die diese Gärten ausstrahlen.

Üppige Bepflanzungen schaffen Rückzugsnischen, Bäume bilden ein grünes Dach, Hecken definieren Räume, blühende Staudenbeete malen das Gartenbild. Ist es die Formensprache, das Konzept, die Gliederung oder die klare Struktur von historischen Gärten, die in uns dieses Gefühl vom Ankommen, von Geborgenheit und innerem Hochgefühl hochkommen lassen? Es ist wohl eine Mischung aus allem, die einem Garten diese Ausstrahlung verleihen, die einem Garten eine Seele geben. Genius Loci, der Geist eines Ortes, die Aura eines Gartens, der Charakter eines Gartens. Diese Wörter und Sätze kommen mir in den Sinn, wenn ich an all die wunderbaren Gärten denke: an die großen englischen Gärten, an die italienischen Renaissancegärten, an die Cottagegärten und an all die vielen kleinen privaten Gartenparadiese, denen dieses Prädikat zuteil wird. Wie wir Menschen brauchen auch Gärten eine Seele. Bei vielen der neuen Gärten, die zurzeit entstehen, habe ich so meine Zweifel, ob denen jemals eine Seele eingehaucht werden wird. Eine Seele braucht Zeit zum Wachsen, Zeit, um die richtige Idee für den Garten zu finden, Zeit, um ein Grundstück zu erspüren, Zeit, um die Persönlichkeit der Benutzer zu ergründen. Zeit, die wir alle nicht mehr zu haben scheinen!

Wenn Gärten authentisch und unverwechselbar sind, wenn sie eine persönliche Handschrift tragen, wenn sie mit handwerklichen Besonderheiten oder mit Kunst angereichert werden, dann wird diesen Gärten eine Seele eingehaucht. Wenn Gärten einer klaren Idee folgen, wenn ein roter Faden spürbar ist, dann zieht Spiritualität in den Garten ein. Ein Garten muss vieles können, er ist ein Ort zum Ernten, zum Spielen, zum Erleben unserer Sinne, zum Genießen, zum Arbeiten, zum Feiern, zum Begegnen, zum Verwirklichen, zum Urlauben, aber seine Seele hält all dies zusammen.

Gärten mit Seele laden ein, sie verbinden und werden lebendig mit all den Festen, dem gemeinsamen Essen im Freien, mit dem Seele-baumeln-Lassen unter einem Baum oder am wärmenden Feuer in einer kühlen Sommernacht. In solchen Momenten schmeichelt einem die Gartenseele und man fühlt sich der Natur ganz nahe. Beim Anblick all der neuen Gärten habe ich den dringenden Verdacht und das Gefühl, dass wir endgültig aus dem letzten Paradies vertrieben werden.

SCHATTENDASEIN

Die jährliche Wiedergeburt der Farne im Garten ist ein poetisches Ereignis, welches immer wieder erstaunt. Einem Notenschlüssel gleich beginnt die Ouvertüre, das leise Erwachen des Farnes aus dem Winterschlaf. Aus einem scheinbar abgestorbenen Strunk und den trockenen Farnwedeln vom Vorjahr streckt ein eingerolltes Blatt neugierig den Kopf aus dem braunen Farnnest. Wenn es die Temperaturen zulassen folgen viele weitere, wie kleine Antennen streckt der Farn die Fühler in die Frühlingsluft. Sehr spät und vorsichtig treibt der Farn aus, immer auf der Hut vor Spätfrösten. Der Farn hat einen speziellen Platz in der Pflanzenwelt: Farne waren die ersten Landpflanzen. Der Farn gehört zu den niederen Pflanzenarten, die keine Blüten und Samen ausbilden, sondern sich über Sporen vermehren. Ungeschlechtliche Vermehrung nennt man dies in der Wissenschaft, nicht besonders poetisch und erotisch. Da der Farn auch kein Dickenwachstum hat, rollen sich die fertigen Blätter aus dem Farngrund heraus.

Ob der Bischofsstab oder Krummstab sich Anleihen beim Farnaustrieb genommen hat, konnte ich nicht herausfinden. Aber Farnaustriebe erinnern mich an reich geschmückte und verzierte Krummstäbe. Der Farn würde sich bestens als Symbol dafür eignen, ausdauernd, genügsam, widerstandsfähig und poetisch.

Gartenwelten mit Farnen sind ein spannendes Unterfangen, sie katapultieren einen in eine andere, etwas mystische Sphäre. Die Welt der Farne ist der Schatten, sie zaubern intensive Grüntöne, gepaart mit Lichtreflexionen, Stimmungen in die dunklen Ecken unserer Gärten und Parks. Nicht die Blüten und kräftigen Farben haben hier das Sagen, sondern die Vielfalt der Pflanzentexturen, alle Schattierungen von Grün und das Sonnenlicht sind hier die stillen Akteure.

Farne haben sehr komplizierte botanische Namen, da sind die deutschen Bezeichnungen schon einprägsamer, beschreibender und selbsterklärender: Trichterfarn, Tüpfelfarn, Hirschzungenfarn, Königsfarn, Schwertfarn, Schildfarn, Perlfarn und viele mehr. Der für mich schönste Name für Farne kommt aber aus meiner Kindheit, wir nannten Farne einfach „Mäuseleitern". Ihre komplizierten Namen sagen nichts über ihre Ansprüche im Garten aus. Stehen Farne im Schatten, haben sie genügend Feuchtigkeit und man selbst die nötige Geduld, dann sind Farne eine echte und unkomplizierte Bereicherung für unsere Gärten.

GARTENVAGABUNDEN

Ich mag diese Bezeichnung für Pflanzen, die im Garten vagabundieren, herumwandern und sich dort niederlassen, wo sie Platz finden. Ich beneide diese Pflanzen, weil auch ich gerne so ein Wanderer sein möchte, der sich niederlässt, wo man sich entfalten kann, wo man mir Raum gibt und Luft zum Atmen lässt. Sobald es wieder eng und dunkel wird, sucht man das Weite. Wer diese Pflanzen einsperrt, wer sie auf einem zugewiesenen Platz halten möchte, wer sie auf ein Beet beschränken will, wird rasch die große Freiheitsliebe dieser Vagabunden kennenlernen. Überall im Garten tauchen sie auf, in Mauerritzen, in Pflasterfugen, entlang von Hausmauern und auch in Nachbars Garten. Was diese Pflanzen brauchen, sind Licht und ein offener Boden, damit Platz für die nachkommende Generation ist.

Diese Vagabunden sind im Grunde genommen zweijährige Pflanzen, die ihre Art durch jährliches Aussäen am Leben erhalten. Die abgeblühte Pflanze stirbt, hinterlässt aber Hunderte Sämlinge als Nachkommenschaft, die dann im darauffolgenden Jahr blühen und den Kreislauf aufrechterhalten. Ich halte diese Pflanzen für kleine, empfindliche Diven, denn nur wenn sie den nötigen Platz zum Florieren bekommen, entfalten sie ihre Schönheit. Durch diesen natürlichen Prozess des Wanderns und Aussäens entstehen wunderschöne, poetische und natürliche Gartenbilder, die so nie durch Gärtnerhand gepflanzt werden könnten. Diese Vagabunden im Garten brauchen auch das nötige Feingefühl des Gartenbesitzers. Sei es, dass man die kleinen Sämlinge nicht für Unkraut hält, dass man keinen Mulch verwendet und etwas Wildheit im Beet zulässt.

Wer gehört zu diesen Gartenvagabunden? Da wäre zuallererst die Akelei genannt, die dieses Wandern im Garten bis zur Perfektion verfeinert hat. Der Fingerhut, die Stockrosen, die Bartnelken und die Waldglockenblumen sind etwas anspruchsvoller, was den Boden betrifft, aber auch gut im Ausbreiten. Beim Isländischen Mohn, dem Lein und dem Eisenkraut ist ein trockener und durchlässiger Boden notwendig, um sie im Garten zu halten. Gartenvagabunden sind tolle Übergangspflanzen zwischen den Jahreszeiten und Lückenfüller für frisch angelegte Staudenbeete, ideal auch in Kombination mit Gräsern, da diese erst sehr spät im Jahr ihre Pracht entfalten. Die Gartenvagabunden sorgen immer wieder für Überraschungen im Garten und machen das Gärtnern spannend und aufregend.

ZU HAUSE IST MAN DORT, WO EINEN DIE BÄUME ERKENNEN

Er ist nicht mehr da.
Es gibt ihn nicht mehr.
Er war doch immer da.

Jedesmal, wenn ich nach Hause kam, warst du da. Allein deine Anwesenheit genügte, um in mir Ruhe, Geborgenheit, Stille und Heimat zu fühlen. Egal, ob ich als Kind vom Spielen nach Hause kam, als Student für ein Wochenende oder die letzten Jahre zu Besuch: Es gab dich immer, ohne viel Aufregung und große Worte. Ein stilles Einvernehmen, ein wortloses Verstehen, zu ähnlich sind wir einander, es hatte keine Worte gebraucht. Worte, die niemals das sagen konnten, was wir dachten und fühlten. Jetzt schnürt es mir die Luft ab, ich spüre, dass meine Heimat mit dir verloren ging. Ich habe Heimat immer als etwas Antiquiertes, als etwas Gefährliches und Bedrohliches empfunden. Erst jetzt verstehe ich, was Heimat ist, wie sich Heimat anfühlt! *„Zu Hause ist man dort, wo einen die Bäume erkennen."* – Seit Jahren trage ich diesen Spruch mit mir herum, erst jetzt verstehe ich ihn.

Du warst die Seele des Hauses, des Ortes. Der Sturm hat den alten Baum geholt, entwurzelt und zu Boden geworfen. Kein kühlendes Blätterdach zum Feiern, keine vor Wind und Wetter schützende Krone, kein Platz mehr für ein Baumhaus oder ein Versteck im hohlen Baumstamm! Kein Stamm mehr zum Anlehnen, Krafttanken oder Umarmen. Klug bist du mit Haus und Hof gewachsen, im Sommer haben uns deine Blätter beschützt und im Winter hast du die wärmende Sonne durchgelassen. Je älter du geworden bist, umso schöner bist du geworden, die dürren Äste sind immer mehr geworden, taten aber deiner Schönheit und deinem Lebenswillen keinen Abbruch. Einem Wunder gleich hast du jedes Jahr den Frühling eingeläutet, mit deinen hellgrünen Blättern, die sich vorsichtig aus den Knospen schälten. Der Sommer begann mit deinem Duft und deinen heilenden Blüten, den Herbst hast du mit deinen goldgelben Blättern erhellt. Im Winter hast du stoisch und stolz der Kälte getrotzt.

Es wird lange dauern, bis diese Lücke, diese unendliche Leere wieder gefüllt ist. Ein junger Lindenbaum braucht eine gefühlte Ewigkeit, um sich mit deiner Größe messen zu können. Du fehlst mir, Papa!

Frühjahr im Garten

Der Frühling macht mich glücklich, aber auch ungeduldig!

Apfelblüte

Bienenstöcke in der Schnittlauchwiese

Sommer

Juni bis September

Der Sommer ist trügerisch kurz,
er lässt einen ins volle Leben
eintauchen und dann ernüchtert
im Herbst aufwachen.

GÄRTNER
SEELE

Kugeldistel (Echinops ritro)

ROSE OHNE DORN

Im Vorgarten unseres Nachbarhauses gibt es nicht viel zu sehen, eine verwahrloste Wiese, eine verhungerte Stechpalme und eine Pfingstrose. Diese Pfingstrose blüht jedes Jahr verlässlich ab Mitte Mai. Ihre kardinalroten, mächtigen, gefüllten Blüten neigen sich, wenn sie aufblühen, vor Demut zum Boden. Sie trägt an die dreißig Blüten und erfreut und überrascht mich jedes Jahr. Man vergisst die Pfingstrose übers restliche Jahr, da sie relativ unscheinbar für sich dahinwächst, ohne viel Aufmerksamkeit erheischen zu wollen. Im Herbst zeigt sie noch einmal eine schöne rötliche Färbung. Benediktinermönche brachten die Pfingstrose im Mittelalter nach Europa. In ihren Klostergärten wurde sie hauptsächlich als Heilpflanze gezogen. Der Name *Paeonia officinalis* deutet auf die medizinische Bedeutung der Pfingstrose hin. Aber auch als „Rose ohne Dorn" war sie Symbol für die Jungfrau Maria. Es gibt in meiner Erinnerung eine weitere Verwendung der Pfingstrose: Sie wurde und wird oft zum Blumenstreuen bei Fronleichnamsprozessionen verwendet. Eine gefüllte Pfingstrosenblüte ist sehr ergiebig für die Blumenkörbe der weiß gekleideten Mädchen.

Die purpurrote Pfingstrose bringt Farbe in die Mischung aus Margeriten, Jasmin und Schneebällen. Die Pfingstrose gehört auch zu den langlebigsten und unempfindlichsten Gartenpflanzen.

Über fünfzig Jahre kann sie am selben Standort in unseren Gärten gedeihen, ohne jeden Pflegeaufwand, unbeachtet wächst und blüht sie vor sich hin. Beleidigt ist sie nur dann, wenn man sie umpflanzt, dann straft sie einen mit Blühverzicht für zwei bis drei Jahre. Die Pfingstrose lässt sich auch nicht vertreiben, nach Gartenumbauten treibt sie wieder unbekümmert aus, mitten in einer Rasenfläche, unbeschadet und all den Bauarbeiten und Maschinenspuren trotzend. In der Kunst findet die Pfingstrose viel Aufmerksamkeit, vor allem in Stillleben ist sie ein beliebtes Motiv. Renoir, Paul Gauguin, Vincent van Gogh, Edouard Manet, Anselm Feuerbach und viele andere zeigen die überbordende Pracht der Pfingstrose als ein farbliches Feuerwerk in berückender Schönheit.

Ein Pfingstrosenstrauß am Tisch ist immer noch schön, auch wenn bereits die Blütenblätter wie Herbstlaub auf den Tisch gefallen sind. Die „Rose ohne Dorn" in Nachbars Vorgarten heilt, duftet, inspiriert, ist voller Schönheit, symbolträchtig und atmosphärisch. Bei all diesen Eigenschaften überrascht es umso mehr, dass die Pfingstrose auch noch langlebig, unkompliziert und standhaft ist.

MEIN VORGARTEN

Unsere Straße im Zentrum von Linz zeichnet sich durch großzügige Vorgärten aus. Jedes Haus hat straßenseitig einen zehn Meter tiefen Vorgarten, eine Seltenheit in der Innenstadt. Die Anlage stammt aus der Gründerzeit. Den meisten Vorgärten wird kaum Beachtung geschenkt, sie sind nur Abstandsgrün zur Straße und Platzhalter für Mülltonnen und Fahrradhäuschen. Das Potential dieser Gärten wird nicht erkannt und genutzt. Ein Drittel der Vorgärten wurde bereits in asphaltierte Parkflächen umgewandelt, der Rest dämmert unbeachtet vor sich hin. Monströse Fahrrad- und Müllhäuschen wurden errichtet, die jedes Feingefühl für Proportion und Material vermissen lassen. Der Rest der Vorgärten ist immerhin grün, von Hecken umgeben und mit einem Baum versehen, meistens sind es malerisch gewachsene Rotföhren.

Unser Vorgarten fällt aus der Reihe, auf den ersten Blick sehr uncool und altmodisch. Mäuerchen aus rostbraunem Gneis umgeben den Garten, ein breiter Weg aus Polygonalplatten führt zur Haustüre. Eine löchrige Hainbuchenhecke grenzt zu Gehsteig und Straße ab. Zum nächsten Vorgarten, einer Asphaltfläche, gibt es Überbleibsel eines rostigen Drahtgitterzaunes, auch der stammt aus der Gründerzeit. Der Rest des Gartens ist eine Staudenfläche, durchsetzt mit einigen Rosenbüschen und Hortensien.

Als ich vor zehn Jahren in dieses Haus zog, hatte ich ambitionierte Pläne, diesem Vorgarten ein modernes Konzept überzustülpen. Doch mit jedem Jahr mehr in diesem Haus rückte dieses Ansinnen in weitere Ferne, denn diesem Vorgarten wohnen Gartengeheimnisse inne. Das Geheimnis, ein Garten der sieben Jahreszeiten zu sein; dieser Garten wirkt magisch anziehend auf vorbeigehende Menschen und lädt zum Stehenbleiben, Plaudern und Innehalten ein. Bereits zeitig im Jänner sieht man die ersten kleinen weißen Punkte aus der braunen Erde leuchten, die sich bis Anfang März zu einer Schneeglöckchenwiese auswachsen. Dazu gesellen sich Winterling, Schneestolz und einige Krokushorste.

Der April wird mit dem Duft von Bärlauch eingeleitet, begleitet von Tulpen und Narzissen. Der gesamte Boden ist bereits mit all den antreibenden Stauden bedeckt. Horn- und Duftveilchen füllen jede verbleibende Lücke auf, auch aus den Mauerritzen leuchten sie königsblau. Die nächsten Höhepunkte sind der Orientalische Mohn mit seinen seidenpapierartigen, orangeroten Blüten und das Tränende Herz. Die Maiglöckchen zeigen bereits ihre ersten weißen Glöckchen und weisen duftend zur Haustüre.

Im Mai haben Akelei, Fingerhut und die gelbe Gemswurz das Sagen. Dieses Dreigestirn ist eine sehr elegante und lockere Pflanzenkombination. Der Fingerhut aufrecht und stolz, die Akeleien sind ein wenig demütig mit ihren nickenden Blütenköpfen und die gelb leuchtende Gemswurz ist die lachende Dritte. Im Juni trägt unser Vorgarten das schönste Kleid, es beginnen die Rosen zu blühen. Am Zaun gibt es eine rote und eine orange-gelbe Kletterrose. Sie reichen weit über den Zaun hinaus, haben eine beeindruckende Höhe und bilden eine Blütenwolke, die wunderbar mit der braun-rosa Hausfarbe harmoniert. Die Strauchrosen im Beet blühen ebenfalls um die Wette. Wenn die Rosen blühen, denke ich immer an den „Nachsommer" von Adalbert Stifter, denn so müssten die von ihm beschriebenen Rosenspaliere vor dem Landgut ausgesehen haben. Im Beet blühen die purpurroten Pfingstrosen gemeinsam mit den Deutschen Schwertlilien. Die großen orchideenartigen Blüten der Schwertlilien faszinieren immer wieder von Neuem, ein ganzes Jahr wachsen sie unscheinbar dahin – und treiben dann unglaubliche Blüten in Farbe und Form.

Mit dem Sommer beginnt der Lavendel zu blühen, Bartnelken, Stockrosen sowie Knäuelglockenblumen sind im ganzen Beet blühend eingestreut. Die weißen, imposanten Madonnenlilien strahlen stolz und rein über das ganze Vorgartenbeet. Der Spätsommer und Herbst beginnt mit den zartvioletten Blüten der Herbstanemonen. Unbemerkt breiten sie sich im Staudenbeet aus, um dann Ende August einfache Blüten prächtig und hoch über allen anderen Pflanzen zu präsentieren. Die karminrote Bauernhortensie leuchtet im milden Herbstlicht, die ersten Astern in azurblau beginnen zu blühen. Wie Wolken blühen die Astern im Vorgarten, beeindruckend ihre Blütezeit bis in den November.

Die ersten Fröste läuten das Ende des Gartenjahres ein, aber da sind noch die Chrysanthemen, die erst jetzt, Mitte November, zu blühen beginnen. Bernsteinfarbene und violett gefüllte Blüten leuchten mit der Herbstfärbung der Hainbuche um die Wette. Bis weit in den Dezember hinein verwundert die Chrysantheme mit ihren Blüten.

Im Spätherbst gesellen sich die Herbstzeitlosen ins Beet, eingestreute blaue Krokusse im gesamten Vorgarten. An sonnigen Dezembertagen beginnen die Schneerosen zu blühen, weiße, schlichte Blüten auf ledrig dunkelgrünem Laub. Die Schneerose ist die Klammer im Gartenjahr, sie beendet das Jahr und läutet den Neuanfang ein.

Gepflegt wird unser Garten von Felicitas, einer älteren, stillen und sehr eleganten Frau. Geschickt und unauffällig zieht sie die Fäden in unserem Vorgarten. Alles sieht sehr natürlich und zufällig aus, aber sie beobachtet genau und weiß, wann Zeit zum Handeln ist.

Im letzten Sommer kam dann eine Sitzgruppe in rosa in unseren Vorgarten und wir verbrachten laue Sommerabende mit Freunden vor der Haustüre. Die neugierigen Blicke der Vorbeigehenden störten kein bisschen, die Neugierde machte neue Bekanntschaften. Ein Gefühl von südländischer Unbeschwertheit hing über unserem Vorgarten und die Neugierde war meist purer Neid.

HONIGMUND

Hobbyimker bin ich deshalb geworden, weil ich das klebrige Wachs wieder an meinem Gaumen spüren wollte. Es ist das Wachs, das man vor dem Schleudern abzieht, damit der Honig fließen kann. Hobbyimker bin ich deshalb geworden, weil ich das Honigschleudern in meiner Kindheit nie vergessen habe. Wenn an warmen Sonntagen im Hof der bernsteinfarbene Honig aus der Schleuder floss, musste ich immer auf der Hut vor den aggressiven Bienen sein, die den Honig nicht teilen wollten.

Hobbyimker bin ich deshalb geworden, weil ich das Einfangen des Schwarms an schwülen Sommertagen im Obstgarten als Abenteuer und als Mutprobe erlebt habe. Hobbyimker bin ich deshalb geworden, weil ich mich als Kind beim Räuchern, um die Bienen zu beruhigen, wie der Pfarrer mit seinem Weihrauchkessel gefühlt habe. Hobbyimker bin ich deshalb geworden, weil die Bienenhütte für mich ein Rückzugsort war, wo ich nicht gestört wurde und wo ich verbotene Dinge tun konnte. Hobbyimker bin ich auch deshalb geworden, weil ich bei der Arbeit mit den Bienen das Gefühl hatte, dass mein Vater seine Zeit nur mit mir verbringt. Meine Geschwister interessierten sich nicht dafür. Hobbyimker bin ich deshalb geworden, weil mich die Geschichten, Mythen und Hierarchien eines Bienenvolkes schon immer fasziniert haben.

Es gibt eine Königin, Ammenbienen, Arbeiterinnen, eine Verteidigung, Reinigungsbienen, Flugbienen und ziemlich überflüssige männliche Bienen, die Drohnen. Seit ich Imker bin ist noch ein Grund dazugekommen, der mir nie so bewusst war. Bienen beruhigen mich, sie wirken stressabbauend und geben mir Kraft. Meine sechs Bienenstöcke stehen auf einem begrünten Flachdach, unweit meines Büros. Ich habe Blickkontakt von meinem Schreibtisch aus zu meinen Bienen. Ist es zu stressig, zu nervenaufreibend, zu hektisch oder steht eine wichtige Entscheidung an, genügt ein Gang zum Bienenstand.

Ich beobachte das Flugloch, lege mein Ohr an die Beute oder schaue auf das Treiben, wenn die schwerbeladenen Bienen mit ihren Pollenhöschen zurückkommen oder Wespen abgewehrt werden, die versuchen, in den Stock einzudringen. Ich fühle mich augenblicklich in einer völlig anderen Welt. Bienen wirken auf mich meditativ und tiefenentspannend. Einige Minuten genügen, um mich zu beruhigen, mich zu entspannen und wieder klaren Kopf zu bekommen.

Ob es das meditative Summen oder das emsige Treiben der Bienen ist, was mich so verändert, oder die Tatsache, dass man vor einem Wunder der Natur steht, das seit Tausenden von Jahren immer gleich funktioniert? In einer Welt, die immer komplizierter und schnelllebiger wird, ist es beruhigend zu wissen, dass es immer noch Dinge gibt, die sich nicht verändert haben und die immer noch funktionieren. Bei all diesen Gründen habe ich noch nicht vom Honig gesprochen, den ich natürlich auch sehr liebe!

BLUMENWIESEN

Er liebt mich, er liebt mich nicht!

Blumenwiesen gehören zum Sommer wie der Duft von frisch gemähtem Gras, wie das Barfußgehen, wie das Zirpen der Grillen oder die Glühwürmchen in lauen Sommernächten. Aber sie werden immer seltener, in der Landschaft und in unseren Gärten. Die intensive Landwirtschaft verdrängt die letzten Trockenwiesen, die blühenden Raine zwischen den Feldern sind schon lange verschwunden. In unseren Gärten sorgen Mähroboter dafür, dass alles, was höher als drei Zentimeter wächst, geköpft wird. Alles ist gepflegt, getrimmt und kurzgehalten, jede Blüte im Rasen wird verachtet. Gänseblümchen, Gundelrebe, Ehrenpreis … sind aus den Gartenwiesen emigriert.

Intensive Düngung tut ihr Übriges und vertreibt die hartnäckigsten Beikräuter wie Klee oder Löwenzahn. Wer etwas gegen das Insektensterben tun will, muss zuallererst den Mähroboter aus dem Garten verbannen und wieder Blüten im Rasen zulassen. Blumenwiesen bringen wieder die Vielfalt in den Garten zurück und sind sehr ressourcenschonend. Kein Wasserverbrauch, keine Düngung, die ins Grundwasser eingeschwemmt wird, kein lärmendes Rasenmähen und kein Humusverbrauch. Blumenwiesen sind ein spannendes Gestaltungselement, das vielfältig eingesetzt werden kann. Sei es als pflegeleichte Böschungsgestaltung, als Blütenteppich mit gemähten Rasenwegen oder als blühende Inseln, die im Garten schwimmen. In der Anlage sind sie kostengünstig; Blumenwiesen brauchen keinen oder kaum Humus, sondern einen durchlässigen, mageren Boden. Der schlechteste Boden, der vorhanden ist, und auch übrig gebliebener Schotter und Sand können verwendet werden, um den für eine Blumenwiese idealen Boden zu bereiten. Es braucht Geduld und Zeit, bis eine Blumenwiese ihre volle Pracht entfaltet. Im ersten Jahr wachsen Margeriten, Glockenblumen, Steinnelken und Co. nur zu zarten Pflänzchen heran, im zweiten Jahr gibt es einige spärliche Blüten, erst im dritten Jahr ist die Blütenpracht perfekt. Als Überbrückung können einjährige Ackerbeikräuter wie Klatschmohn, Kornblumen, Cosmeen oder Löwenmaul in die Wiese gesät werden.

Blumenwiesen werden Ende Juli gemäht, man lässt das Gras abtrocknen, damit die Blumensamen ausfallen können, und entfernt danach das Heu. Es gibt eine wunderbare Nachblüte im Spätsommer und Herbst. Ende Oktober wird nochmals gemäht.

Das Gefühl des Sommers kehrt mit den Blumenwiesen wieder in unsere Gärten zurück. Das große Krabbeln und Summen von Schmetterlingen, Hummeln, Bienen, Käfern beginnt von Neuem. Der Geruch von frisch gemähtem Gras, der Kräuterduft des getrockneten Heus weckt Kindheitserinnerungen und das unendliche Spiel „Er liebt mich, er liebt mich nicht" kann beginnen.

ES RIECHT NACH SOMMER

Wir bekommen nicht die Blume, wir bekommen den Duft!

Ich könnte mit geschlossenen Augen meinen Morgenlauf absolvieren, mich nur am Duft von Blüten, Bäumen und Sträuchern orientieren. Wir haben all unsere Sinne bekommen, um sie zu benutzen und nicht, um nur sehend und hörend durch die Gegend zu laufen. Ich schließe die Augen und lasse mich von den feinen Gerüchen leiten, ich rieche mich von Blüte zu Blüte. Jeder Baum und jeder Strauch hat seinen eigenen Duft, auch bestimmte Abschnitte im Park haben ihren unverkennbaren Geruch.

Der beste Zeitpunkt, diese Düfte wahrzunehmen, ist der frühe Vormittag, da kommen die einzelnen Düfte noch besser zur Geltung. Der frische Morgen hat noch genügend Platz für die feinen Nuancen der Natur, auch die Nase scheint am Morgen noch genauer differenzieren zu können. Die Nase ist noch nicht abgelenkt vom Duft des Mittagessens oder von Frittiertem und empfänglich für die feinen, duftenden Zwischentöne. Gegen Mittag, mit der immer stärker werdenden Sonne, bläht sich die Luft mit allerlei Gerüchen auf, die sich zu einem undefinierbaren Duftball vermengen. Der Morgen hingegen lässt noch genügend Abstand zwischen den einzelnen Düften.

Geschichte N°25 | Juni

Ich trete vor die Haustüre und ein leicht stechender Stadtgeruch aus Industrie, Autoabgasen und Schornsteinen zieht in meiner Nase hoch. Vertrieben wird dieser Geruch, sobald ich den Park erreiche, vom frisch gemähten Gras. Das ist der Geruch meiner Kindheit, er macht sofort glücklich. Erinnerungen und Bilder drängen sich in mein Gedächtnis. Mit dem Duft des frisch gemähten Grases hat der Sommer begonnen und Oberhand über den launigen Frühling gewonnen. Ich kann mich nicht sattriechen an diesem von Morgentau getränkten Duft, der schwer über dem Boden liegt. Der Duft von frischem Heu strömt in die Luft, breitet sich rasch aus und trägt herbe Kräuteressenzen mit sich.

Barfüßig hatte ich als Kind mit meinen Geschwistern am frühen Morgen das täglich frisch gemähte Gras für das Vieh zu Zeilen gerecht, es war noch triefnass vom schweren Morgentau. Die heißen, schwülen Sommertage wurden nicht im Freibad verbracht, sondern mit dem Nachrechen auf den großen Wiesen bei der Heuernte, damit jeder noch so kleine, liegen gebliebene Heuschopf in die Scheune kam. Wir zogen einen riesigen Rechen hinter uns her, um nur ja jedes Heubüschel zu erwischen, das von den großen Maschinen liegen gelassen worden war. Jetzt weiß ich, warum ich kein Parfum verwende: Ich will jeden Duft, jeden Geruch und jede Essenz der Natur wahrnehmen, ich will keinen davon missen, und ich ertrage keine Ablenkung! Ich möchte die Natur mit allen Sinnen erfassen und genießen. Uns gehören der Duft und der Geruch, die Blume aber bleibt im Garten.

IM STAUDENBEET

Es war einmal ein Staudenbeet, wo alle friedlich gemeinsam wuchsen. Seit über vierzig Jahren lebten Pfingstrose, Orientalischer Mohn, Akelei, Frauenmantel, Aster, Chrysantheme und Fingerhut zusammen. Wie einem Bilderrahmen gleich fassten sie den Gemüsegarten und bildeten das ganze Jahr über den blühenden Saum. Abgesehen von einigen kleinen Streitereien und Eifersüchteleien fristeten die Stauden ein harmonisch friedliches Dasein. Man kannte und respektierte einander und sah großzügig über kleine Fehler hinweg. Liebevoll kümmerte sich Agnes um das Blumenbeet, obwohl es ihr sichtlich schon schwerfiel. Die Stauden wurden gegossen, das aufdringliche Unkraut entfernt und sie wurden gestützt und geschnitten.

Im Herbst wurde Ordnung im Beet gemacht. Die Akeleien wurden wieder auf ihre angestammten Plätze verwiesen. Herbstastern, die zu nahe an den Rittersporn kamen, wurden unter Protest entfernt. Der Rittersporn konnte seine Schadenfreude kaum verbergen. Das schönste Kompliment für sie war, wenn sie auf Agnes' Esstisch als Blumenstrauß landeten. Unter den neidischen Blicken der Beetgenossen wurden sie ins Haus mitgenommen. Doch seit mehreren Wochen lag etwas in der Luft. Da Agnes schon lange nicht mehr gesehen wurde, fühlten sich die Stauden vernachlässigt und nicht beachtet. Das Unkraut kam ihnen gefährlich nahe. Der Rittersporn stand im offenen Streit mit den Herbstastern, da er sich bedroht fühlte. Die Akeleien jammerten, da sie kaum Platz für ihren Nachwuchs hatten. Einzig und alleine die Pfingstrose schien dieses Chaos nicht zu stören. Stoisch ertrug sie die Unordnung. Beunruhigt und mit Sorge harrten die Stauden der Dinge, die auf sie zukamen.

Eines Morgens wurde der Gemüsegarten in eine monotone Rasenfläche verwandelt. Aus und vorbei war es mit dem Kraut- und Rübengarten, aus mit der netten Nachbarschaft von Salat, Radieschen und Zwiebeln. Es waren angenehme Nachbarn, und wenn es mit der guten Nachbarschaft nicht so klappte, hatte man zumindest die Gewissheit, dass sie im Herbst wieder verschwinden. Auch im Staudenbeet änderte sich manches, denn es gab Zuwachs durch Zierlauch und Chinaschilf. Die Stauden hätten sich mit dem langstieligen Lauch und dem aggressiven Chinaschilf noch arrangieren können, jedoch nicht mit der Mulchfolie und dem Kies. Verschwunden waren die aufdringlichen Akeleien und der stolze Fingerhut, die für ein angenehmes Bodenklima gesorgt hatten. Die Kieselsteine erhitzen sich und machen viel Stress an heißen Sommertagen. Der Rest des Beetes wurde dick mit Rindenmulch überzogen. Rittersporn und Mohn suchten sofort das Weite. Einzig die Pfingstrose, der Frauenmantel und die Chrysantheme ertrugen den Geruch des Rindenmulchs und den verdichteten Boden. Von nun an fehlen im Frühling die Akeleien. Der stolze Fingerhut kündigt nicht mehr den nahenden Sommer an. Das orangerote Leuchten des Mohns und das fehlende Königsblau des Rittersporns hinterlassen eine Lücke im Staudenbeet.

ENDLICH FERIEN

Meine Kindheit, meine Ferien waren geprägt und strukturiert von immer wiederkehrenden Arbeiten am Bauernhof, vergleichbar mit den Ritualen der katholischen Kirche. Letztere waren erträglicher und meist auf eine Stunde beschränkt, die immer gleichen Arbeiten hingegen konnten Wochen in Anspruch nehmen. In den Semesterferien wurde das Ofenholz geschlichtet, es galt das Holz in langen Zeilen kunstvoll und stabil zu stapeln. Die Osterferien waren für das Steineklauben reserviert, alle sichtbaren Steine wurden aus den Feldern gebracht. Der Beginn der Sommerferien gehörte den Ribiseln, am Ende der Ferien stand die händische Kartoffelernte. Endlich waren sie da, die lang ersehnten Sommerferien. Vergessen waren Hausaufgaben, lernen, ruhig sitzen, das schlechte Gewissen nichts gelernt zu haben oder eine Unterschrift von den Eltern erbeten zu müssen für eine miese Mathematikschularbeit.

Aber so einfach wurde man nicht in die sommerliche Freiheit und Unbeschwertheit entlassen, denn es galt die Ribiseln zu ernten und zu verarbeiten. Eine unendliche Plantage von Sträuchern mit roten, schwarzen und weißen Ribiseln war zu beernten. Auf einem Sessel sitzend, zwischen den Johannisbeersträuchern, Brennnesseln und dem Giersch, galt es die kleinen Trauben zu pflücken. Dann wurde abgerebelt – die Beeren von den Stielen getrennt –, bevor sie zu Saft, Marmelade oder Gelee eingekocht wurden. Ganze zwei Wochen der damals unendlich scheinenden Sommerferien wurden damit verbracht, meine Hände färbten sich in dieser Zeit blassrot und waren rau und rissig. Den Geruch des Marmelade-Einkochens mochte ich sehr, ebenso das Rühren in den großen Töpfen. Ein süßlich-herber Ribiselgeruch hing in diesen zwei Wochen im ganzen Haus.

All diese Pflichten und Ferienaufgaben waren nur deshalb erträglich, weil alle meine Geschwister auch mithelfen mussten und ich mich gedanklich in eine andere Welt träumen konnte. Die Steine aus dem Feld wurden zu Baumaterial für eine Burg; die geschlichteten Holzscheiterzeilen zu wehrhaften Forts im Wilden Westen; die Kartoffeln zu Goldnuggets und zum Goldrausch; ja, und die Ribiseln mutierten zu Baumwolle in den Südstaaten, gepflückt von aufständischen Sklaven …

HONIGERNTE

Wenn Milch und Honig fließen

Die erste Honigernte in diesem Jahr steht an. Wir nennen es Honigschleudern. Es ist ein besonderer Tag, wir sind aufgeregt, was kommen wird und ob sich die Mühen gelohnt haben werden. Wir beginnen früh am Morgen, um zu verhindern, dass noch frischer Honig mit viel Wasser in den Bienenstock eingetragen wird. Die ganze Familie ist auf den Beinen, es herrscht eine freudig aufgeregte Stimmung. Auch mein neunzigjähriger dementer Vater ist im Rollstuhl dabei. Durch ihn habe ich die Freude an den Bienen entdeckt. Bis vor zwei Jahren unterstützte er mich noch tatkräftig, er baute und tischlerte Rahmen und Bienenstöcke. Die Bienen haben meine Beziehung zu meinem Vater intensiviert und verändert, weg von der respektvollen Vater-Sohn-Beziehung hin zu einem herzlichen, warmen und liebevollen Umgang.

Der Smoker ist angeheizt, um die Bienen mit Rauch zu beruhigen. Das ist für mich der feierliche Beginn einer besonderen Zeremonie. Die Bienenstöcke stehen wie kleine Hochhäuser im Obstgarten; vier Rahmen wurden in den letzten Wochen aufgesetzt, um genügend Platz für ein prosperierendes Bienenvolk und dessen Honig zu haben. Vorsichtig wird der Deckel gelüftet, ein wenig Rauch reingeblasen, und wir beginnen die einzelnen Rähmchen vorsichtig herauszuziehen. Bereits am Gewicht der einzelnen Waben erkennt man, dass es reiche Ernte geben wird. Die Waben sind überzogen mit weißem, pergamentartigem Wachs. Die Bienen werden abgeschüttelt und abgekehrt und sofort in Sicherheit gebracht. Es dauert über zwei Stunden und kostet einige Bienenstiche, bis alle vier Bienenstöcke durchgearbeitet sind. Mit den schweren Rahmen geht es in den Schleuderraum, wo als Erstes die Waben mit einem Metallkamm entdeckelt werden. Dieses trockene, dünne, fast weiße Wachs, vermischt mit etwas Honig, ist Honigkaugummi, den man während der ganzen Arbeit kaut. Es fühlt sich an, als ob Hustenbonbons auf der Zunge zergehen. Die vor Honig triefenden Waben kommen in die Schleuder, bis schließlich der bernsteinfarbene Blütenhonig zuerst in das Sieb und dann in den Honigtopf fließt. Ein dankbares Gefühl breitet sich aus, wie reich man von der Natur beschenkt wird. Die unglaubliche Menge an Honig lässt einen im Schlaraffenland wähnen.

Das Arbeiten mit dieser klebrig-süßen Masse weckt infantile Gefühle, als sei man in einen Honigtopf gefallen. Die Honigernte ist ein wunderbares, fast magisches Ereignis, auch deshalb, weil es die ganze Familie zusammenbringt und wie Klebstoff wirkt. Jeder hat das Gefühl, etwas für den Honig am Frühstückstisch, im Lebkuchen oder im Erkältungstee beigetragen zu haben. Auch mein Vater ist hellwach und neugierig bei der Sache und strahlt über das ganze Gesicht.

VOM FREMDEN UND UNBEKANNTEN

Der Flieder rümpft die Nase, als es im Garten Neuzugänge gibt. Er fühlt sich bedroht und bedrängt durch die neuen Mitbewohner, mit denen er in Zukunft das Beet teilen muss. Als heimischer Strauch fühlt er sich überlegen, da er schon so lange hier in Mitteleuropa wächst, gedeiht und blüht. Dass er ursprünglich aus China kommt, verschweigt er. Die Magnolie weiß von ihrer fremden Herkunft und genießt das Leben als Exot. Dennoch findet sie die Eindringlinge als geschwätzig und aufdringlich. Glanzmispeln heißen die Neuankömmlinge im Garten. Ihre glänzenden, immergrünen Blätter, die im Austrieb rot leuchten, und ihre weiß-rosa Blütendolden machen den Flieder neidisch, sieht er doch ohne seine Blüten etwas derb und gewöhnlich aus.

Auch im Staudenbeet gibt es Aufregung und Unruhe. Zwischen der behäbigen Pfingstrose, den quirligen Astern, den übermütigen Sonnenhüten und den Tränenden Herzen wurden Prachtkerzen gepflanzt. Diese drahtige, leichte und schwingende Staude stammt aus dem Grenzgebiet zwischen den USA und Mexiko. Sie füllt die Lücken zwischen den alteingesessenen Stauden. Sie verleiht dem Beet Leichtigkeit und vermittelt zwischen den einzelnen Pflanzen, ohne diese zu bedrängen oder ihnen lästig zu werden. Von Ende Mai bis Ende Oktober blüht die Prachtkerze unermüdlich. Obendrein ist sie als Präriepflanze genügsam und anspruchslos. Der Flieder kommt aus Südosteuropa und Vorderasien. Die Magnolie stammt aus Ostasien und Nordamerika. Hier passt die Glanzmispel aus Süd- und Ostasien perfekt dazu. Alle drei haben fremde Wurzeln, auch wenn es der erste Eindruck nicht vermuten lässt.

Wie arm und farblos würde unser Gartenleben aussehen, wenn nur echt heimische Pflanzen Verwendung fänden. Es gäbe keine kardinalroten Pfingstrosen, keine goldgelb leuchtenden Sonnenhüte, kein Tränendes Herz, keinen Fliederduft im Mai und auch keinen Magnolienblütenregen im Frühling.

Kugelamarant mit Schmetterling

WUNDEN IN DER LANDSCHAFT

Es ist immer wieder erschreckend, wie brutal und unsensibel Neubauten und neue Siedlungsgebiete in die Landschaft gestellt werden. Alte Orte, Dörfer und Städte ufern aus, fließen förmlich wie ein zäher Brei in die Umgebung. Eine Wunde in der Landschaft, die sehr lange braucht, bis sie verheilt. Während sich die Ränder in die Landschaft fressen, sterben die Ortskerne aus und die Identität geht verloren. Beobachtet man die Lage alter Besiedlungen, so ducken sich diese meist in eine schützende Mulde, schmiegen sich an Hänge oder verstecken sich hinter einem Bergrücken. Obstbäume, Streuobstwiesen oder Alleen bilden einen schützenden grünen Saum um diese Orte. Gemüsegärten und Zäune bilden den Abschluss dieser gewachsenen Strukturen.

Neue Siedlungen nehmen keine Rücksicht auf die Lage und das Gelände, heute ist technisch ja alles machbar. In steiles Gelände werden Straßen eingeschnitten, hohe burgartige Mauern umschließen jedes Grundstück, um möglichst viel ebene Gartenfläche zu bekommen. Asphalt, Mauern aus Stein- oder Betonblöcken, Metallzäune und Sichtschutzwände prägen das Bild. Große Häuser und mächtige Garagen mit breiten Zufahrten beanspruchen einen Großteil des privaten Gartenglücks. Bei all der Größe hat man vergessen, wo man Mülltonnen, Fahrräder und Gartengeräte verstaut, daher wird auch noch eine Gartenhütte errichtet. Man hat auch vergessen, dass es regnet und einem der Wind um die Ohren pfeift. Glaswände, Pergolen und Zubauten wachsen wie Warzen aus den neuen Gebäuden. Am meisten aber fehlt diesen neuen Siedlungen das Grün. Kein Hausbaum, keine üppigen Blütensträucherhecken, keine Obstbäume, Alleen oder Baumreihen, welche die Häuser eingrünen und sich wie ein grünes Netz durch die Siedlungen ziehen. Nur zaghaft wachsen einige Gräser aus Schotterflächen, Kirschlorbeerhecken thronen auf den riesigen Steinmauern. Da und dort sieht man einen Kugelbaum oder eine Säulenzypresse.

Ein Garten gleicht dem anderen, kaum erfrischende Gartenideen. Es braucht keine Designergärten – Pflanzen, große Bäume, Obstbäume, üppige Hecken, Obstspaliere, Kletterpflanzen, Rosen, die über den Zaun hängen, Bäume, welche die Straße beschatten, bunte Staudenbeete und vor allem Individualität – das alles fehlt. Es scheint, als hätten wir Angst vor Bäumen, Angst vor dem Herbstlaub, Angst vor Schatten und Angst, dass die Pflanzen dem neu gebauten Haus den Glanz stehlen!

Ich gönne jedem seinen Traum vom eigenen Haus und Garten, aber bitte mit Verantwortung und mit Hausverstand. Wir nehmen ein Stück Land in unsere Verantwortung, wir sollten dieses mit Bedacht und Umsicht nützen. Vor allem aber sollten wir danach trachten, dass wir für die verbauten Flächen der Natur wieder etwas zurückgeben. Üppige Gärten mit großen Bäumen, Blumenwiesen, Kletterpflanzen, blühende Sträucherhecken, Obstbäume, wilde Ecken sowie wenig versiegelte Flächen wären ein guter Anfang.

Geschichte N°31 | August

ENDLICH SÜDEN

Zwei Wochen Sizilien, nach zwei Jahren Reiseabstinenz, klingt vielversprechend und nach Abenteuer! Der Flug ist gebucht, ein altes, kleines Auto vor Ort gemietet, und los geht es, wohin es uns treibt. Unterkünfte werden spontan gesucht, an Orten, wo es uns gefällt. Das Gefühl von Freiheit, Sommer und Unabhängigkeit stellt sich rasch ein. Die Unbeschwertheit bekommt im Lauf der Reise immer mehr Risse. Obwohl wir die schönsten Städte besucht, einsame Strände gefunden, den Ätna bestiegen, ausgezeichnet gegessen und getrunken und Kultur genossen haben, wurde mein schlechtes Gewissen täglich größer! Für jeden Waldbrand, den ich sah, fühlte ich mich mitschuldig.

Unerträgliche Hitze, knapp an die 50 °C: Man ist immer auf der Flucht vor der Sonne. Schatten ist kaum zu finden. Für jeden Waldbrand, den ich sehe, fühle ich mich mitschuldig! Man trinkt viel Wasser aus Plastikflaschen, die an den schönsten Stränden wieder angeschwemmt werden. Für jeden Waldbrand, den ich sehe, fühle ich mich mitschuldig! Man produziert als Tourist viel Müll, der von der Mafia illegal entsorgt wird. Gelegte Feuer lösen das Problem. Für jedes Feuer, das ich sehe, fühle ich mich mitschuldig. Da nachts die Temperaturen kaum unter 30 °C sinken, schläft man nur mehr mit Klimaanlage.

Für jeden Waldbrand, den ich sehe, fühle ich mich mitschuldig! Der Flughafen in Catania war kurz vor unserer Ankunft wegen Waldbränden geschlossen. Wenn ich Feuer sehe, fühle ich mich mitschuldig. Die schönsten Orte und Strände sind nur mit dem Auto erreichbar, in der Früh bewegt sich die Blechlawine Richtung Strand, am Abend flaniert man wieder in den Städten, also geht es wieder zurück mit dem Auto. Immer wenn ich ein Feuer sehe, fühle ich mich mitschuldig!

Italiener lieben es, Pinguinen gleich, in Kolonien aufzutreten. Menschenmassen an den schönsten Orten – entfernt man sich nur einige Hundert Meter, ist man alleine! Immer wenn ich Feuer sehe, fühle ich mich mitschuldig! Migranten, hauptsächlich Afrikaner, verrichten die Drecksarbeit auf der Insel. Es fühlt sich wie Sklavenarbeit an. Immer wenn ich ein Feuer sehe, fühle ich mich mitschuldig! Die Feuer braucht man nicht zu sehen, die braunen Rauchsäulen sieht man schon von Weitem aufsteigen. Die braunroten Wolken liegen schwer über der Landschaft, sie bewegen sich kaum, die Feuer werden vom kargen Bewuchs der Insel genährt. Immer wenn ich ein Feuer sehe, bin ich schuldig!
Endlich Süden!

GIESSEN ODER DER KAMPF MIT DEM GARTENSCHLAUCH

Gießen ist eine Kunst, die gelernt sein will. Gießen sieht so einfach, so erfrischend und so heiter aus, wenn der Gärtner einen Gartenschlauch in der Hand hält. Spielerisch und fröhlich sprudelt das Wasser aus dem Schlauch. Da wäre einmal der richtige Druck, zu viel entwurzelt die Pflanze oder der harte Strahl knickt die zarten Pflänzchen. Bei zu wenig Leitungsdruck kommt der Spaß abhanden, es tröpfelt lustlos aus dem Gartenschlauch und man steht stundenlang im Garten, um den Durst der Pflanzen zu stillen. Der Schlauch erspart zwar das mühsame Schleppen der Gießkanne, er hat aber auch seine Tücken. Einer Schlange gleich liegt der Gartenschlauch am Boden, ein Durcheinander, Anfang und Ende sind kaum auszumachen. Man zieht an einem Ende, plötzlich endet der Wasserstrahl: ein Knick in der Leitung. Schnell muss dieser ausfindig gemacht werden, sonst bläht sich der Schlauch auf, er platzt oder die Kupplung beim Wasserhahn hält dem Druck nicht stand. Wenn er tief in die Beete gezogen wird, mutiert der sonst harmlose Gartenschlauch zu einer scharfen Sense, die Stauden an den Ecken werden abgemäht oder niedergewalzt. Gießen braucht viel Geduld und Gespür. Einfach den Boden zu benetzen ist zu wenig, mehrmals werden die Beete gegossen, damit der Boden genügend Zeit hat, das Wasser aufzunehmen. Der Gärtner weiß auch, welche Pflanze mehr und welche weniger Wasser braucht. Hier genaue Angaben von Gießdauer oder Wassermengen zu machen wäre dilettantisch, Gärtner sind keine Erbsenzähler, sondern Gefühlsmenschen. – Was für eine Leidensgeschichte, dem Nachbarn den Garten während des Urlaubs zu überlassen! Alles war genau erklärt und geprobt worden, trotzdem graut einem vor dem Heimkommen. Die Rosen haben zu wenig Wasser bekommen, die Hortensien zeigen erste Trockenschäden und die Rittersporne wurden im Wasser ertränkt. Wenn es ein leichtes Sommergewitter gegeben hatte, war das Gießen überhaupt eingestellt worden, obwohl es der Regen nicht bis unter das dichte Laubwerk von Funkien, Rhododendren oder Farnen geschafft hat. Es gehört vielen Blindheit dazu, diesen Wassermangel nicht zu sehen. Das Bemühen ist da, aber es fehlen die Hingabe, das Wissen und die Begeisterung für die Pflanzen.

Gießen ist kontemplativ und meditativ zugleich, mit der Regelmäßigkeit kommt auch etwas Rituelles hinzu. Gleich nach dem Aufstehen mache ich meine ersten Inspektionsrunden im Garten. Man staunt, was sich alles an einem einzigen Tag verändert, welche Blüten sich plötzlich geöffnet haben, welche Blätter zaghaft ausgetrieben sind oder was Schnecken in einer Nacht alles kahlfressen können. Bei diesen Rundgängen werden die Bedürfnisse der Pflanzen erkannt und man greift zum Gartenschlauch oder besser noch zur Gießkanne, denn die Geduld, den Knoten im Gartenschlauch aufzulösen, ist so früh am Morgen noch enden wollend. – Ein kluger Gärtner kennt auch den Wetterbericht, vielleicht kann ja heute das Gießen ausfallen.

GARTENPHLOX – DIE FLAMMENBLUME

Wenn ich von meinem Balkon in unseren Vorgarten schaue, dann sind sie unverkennbar, die blühenden Büsche in ihren leuchtenden, klaren und intensiven Farben. In Pink, in Lila und in Weiß strahlen sie zu mir hoch. Sie werden dem Namen Flammenblume gerecht, wie kleine Feuer schlagen die Flammen zu mir hoch. Eine altmodische Pflanze ist der Gartenphlox, daher findet er kaum noch Verwendung in neuen Gärten. Nur noch in alten Gärten leuchtet und brennt der Phlox. In ganzen Zeilen entlang der Zäune oder als Einfassung um den Gemüsegarten oder in Obstgärten, wo noch rudimentär alte Strukturen sichtbar sind, blüht der hohe Phlox.

Zu Unrecht, wie ich finde, denn kommt man dem Phlox näher, so verströmt er einen süßen honigartigen Duft, der an warmen, schwülen Sommertagen besonders intensiv wird und wie in Wellen durch den Garten zieht. Insekten lieben die Flammenblume, es brummt und surrt, vor allem Schmetterlinge tanzen wie benommen über dem blühenden Busch. Das Farbenfeuerwerk des Phloxes ist so intensiv wie einzigartig. Der Name Phlox kommt aus dem Altgriechischen und bedeutet so viel wie Flamme. Diese Flamme könnte sowohl von der rispenartigen Blütenform als auch vom Leuchten der Farben kommen. Es gibt kaum vergleichbare

Farbtöne im Garten, denn die Farben sind so klar, so intensiv, so strahlend und so präsent. Darin liegt auch das Problem bei der Verwendung von Phlox im Garten: Alles neben ihm verblasst und wird verschwindend klein. Daher immer nur eine Phloxfarbe im Beet verwenden und mit Pflanzen kombinieren, die nicht konkurrieren, sondern die Dominanz aufbrechen, den intensiven Farbton mildern. Zarte, leichte und filigrane Pflanzen finde ich am besten, die den Farbton des Phloxes weitermalen. Seine Farbenpalette ist schier unendlich, vom unschuldigen Reinweiß über kitschiges Pink und brennendes Rot bis zum Amethystblau. Dann gibt es noch all die zweifarbig blühenden Phloxe.

Der Phlox ist robust und pflegeleicht, wenn er die richtigen Bedingungen vorfindet. Er liebt einen guten Gartenboden, nicht zu trocken und zu nährstoffreich. Wenn der Standort – sonnig bis halbschattig – auch noch passt, dann gibt es kaum Probleme mit Mehltau und Fadenwürmern. Alte und einfarbige Sorten sind oft robuster und einfacher zu kultivieren. Der hohe Phlox ist eine alte Bauerngartenstaude und gehört zum Sommer. Wie hat Karl Foerster so treffend gesagt: *„Ein Garten ohne Phlox ist nicht nur ein bloßer Irrtum, sondern eine Versündigung gegen den Sommer."*

Geschichte N°34 | August

PFLÜCK MICH

Blumen pflückend durch den Garten gehen, für einen bunten Sommerstrauß, der auf dem Küchentisch landet. Den Sommer einfangen. Eine Fingerfertigkeit, die ich liebe: quer durch den reich blühenden Garten zu wandeln und einfach Blüten, Blätter, Zweige oder Gräser zu einem Strauß zu arrangieren. Man fühlt sich wie in einem großen Blumenladen, nimmt eine Blüte nach der anderen und formt sie zu einem farblich abgestimmten Strauß. Die Entscheidung fällt intuitiv und wird durch die Richtung des Gehens bestimmt. Es ist aber auch so, als würden die Pflanzen darum betteln, in den Strauß aufgenommen zu werden. Von überall tönt es:

„Pflück mich!"
„Ich will auch dabei sein!"
„Nimm bitte mich!"
„Lass mich nicht alleine!"
„Ich fehle noch im Strauß!"

Ringelblumen in Orange und Gelb machen den Anfang. Die Stiele werden von den Blättern befreit und im Uhrzeigersinn schön kunstvoll angeordnet. Ringelblumen überziehen den ganzen Garten, sie sind die Sterne des Sommers. Die Zinnien in ihren etwas gedämpften Farben sind als Nächste an der Reihe. Ich mag diese altmodischen Sommerblumen, ihre Farben erinnern mich an die Farben der Fünfzigerjahre, vor allem an die Küchen dieser Zeit. Schafgarben in Gelb und Rot kommen hinzu, sie bringen den Strauß zum Leuchten und Duften. Unermüdlich blüht die gelbe Schafgarbe den ganzen Sommer über. Dunkelblaue, strohige Staticen oder Strandflieder setzen einen kräftigen Akzent und bilden eine gute Basis für den duftig leichten Sommerstrauß. Sie halten den Strauß optisch zusammen.

Die weißen Blüten der „Jungfrau im Grünen" beruhigen den Strauß. Was für ein schöner Name, obwohl sich das Geheimnis des Namens erst in ihrer Frucht offenbart. Die violett-blauen Töne des Eisenkrautes überziehen das ganze Bouquet mit einem zarten Schleier. Als krönenden Abschluss streue ich noch einige gefüllte Flockenblumen in den Strauß. Wie kleine, stolze Pfauen thronen sie über dem Blütenpotpourri.

Die Grashalme der Rutenhirse lassen den Strauß Funken sprühen. Eine Manschette aus Funkienblättern schafft den passenden Rahmen für die Sommerpracht. Zusammengebunden wird der Strauß mit mehreren Chinaschilfblättern. Jetzt gilt es noch die richtige Vase zu finden, damit der Sommer auch am Esstisch stattfindet. Erst jetzt wird der Strauß aus der Hand gegeben. Pflück dir den Sommer!

DER AKANTHUS

Wer eine korinthische Säule genau betrachtet, entdeckt am oberen Ende einen Kranz aus Blättern. Diese Blätter stammen vom Akanthus. *Acanthus acutifolia,* eine Pflanze, die man noch selten in unseren Gärten findet, obwohl sie eine interessante Pflanze ist: einerseits aus kulturhistorischer Sicht, andererseits ist sie hübsch und sehr dekorativ. Den Akanthus, eine Distelart, kennt man vor allem aus dem Mittelmeerraum, hier wächst er fast wie Unkraut, aus jeder Ecke und Ritze wuchert diese krautige Staude.

Die markanten, löwenzahnartigen Blätter sind sehr skulptural, ornamental und architektonisch, sie können zu beachtlicher Größe heranwachsen. Die glänzenden Blätter dienten auch als Vorlage für die korinthische Säule. Ein Kelch aus Akanthusblättern umkränzt das Kapitell; er schafft einen blumig kunstvollen Abschluss und trägt mit Leichtigkeit das Dach des Tempels. Warum gerade diese Distelart als Vorlage diente, dazu gibt es eine schöne Geschichte: Eine junge Frau aus Korinth soll früh verstorben sein, ein Korb mit Spielzeug auf ihrem Grab war mit einer Steinplatte abgedeckt. Im Laufe der Zeit war der Korb von Akanthusblättern durchzogen, und geboren war das korinthische Kapitell. Ihre Herkunft aus dem Mittelmeerraum macht sie für unsere Gärten interessant, sie kommt mit wenig Wasser zurecht. Sie gedeiht auf Standorten, wo kaum andere Pflanzen das Auslangen finden, so zum Beispiel als Unterpflanzung unter Bäumen, wo es extrem trocken ist und es wenig Licht und kaum Humus gibt. Neben dem zierenden Blattschmuck hat die Pflanze auch eine beeindruckende Blüte. Als lange Ähren, bis über einen Meter groß, wächst sie aus dem Blattwerk heraus. Kapuzenförmige Blütenblätter sind zu einem geometrischen Quirl verwachsen und bedornt. Die Farbe changiert zwischen Weiß und rosa Tönen. Diese ornamentale Pflanze lässt sich gut als interessanter Bodendecker verwenden, aber auch als Einfassungspflanze oder für Pflanzgefäße. Akanthus hat viel Charakter und Eigenleben durch die ornamentalen Blätter, daher sollte man ihn solitär und sehr ruhig verwenden. Das Wissen, dass man das Vorbild für das korinthische Kapitell im eigenen Garten hat, beeindruckt jeden Garteninteressierten, und die nächste korinthische Säule wird mit anderen Augen gesehen.

PERSISCHE GÄRTEN

Persien, der heutige Iran, hat so viel zu bieten, dass man richtig ins Schwärmen kommt: atemberaubende Landschaften, Städte und Orte wie aus „Tausendundeiner Nacht" und Menschen, die mit ihrer Gastfreundschaft und ihrer ehrlichen Neugierde beschämen. Ich werde meine 2500 Zeichen den persischen Gärten widmen. Die Faszination orientalischer Gärten liegt in ihrer Schlichtheit, in ihrer Ruhe und der Reduktion auf wenige Elemente. Sinnlich, ruhig und Orte des Friedens sind diese Gärten, in einer Welt, wo alles aus den Fugen geraten zu sein scheint. Der persische Garten hat in seiner Grundstruktur viele Ähnlichkeiten mit den barocken Gärten, er ist jedoch überschaubarer und kleinräumiger. Der Garten ist wichtiger als das Gebäude, alles spielt sich geschützt hinter hohen Mauern ab.

Die ältesten Gärten der Welt findet man in Persien. Kein Wunder, kommt doch das Wort Paradies vom altpersischen *Paradaidha*. Ein Paradies aus Wasser, Sonnenlicht, mit Schattenplätzen, Mauern und Hainen aus Zitronen, Orangen, Mandeln oder Palmen. Garten und Gebäude bilden eine Einheit, wobei der Garten bedeutender ist. Mit dem Sonnenlicht werden Formen und Muster aus Lichtstrahlen gezaubert. Einer meiner Lieblingsgärten ist der Naranjestan, der Orangengarten in Shiraz, ein kleiner Garten mitten im quirligen Basarviertel. Umgeben von hohen, schützenden Mauern, liegt dieser Garten zwischen zwei Gebäuden. Man betritt ihn durch ein kleines Torgebäude, am anderen Ende des Gartens steht ein palastähnliches, reich verziertes Gebäude. Es wirkt eher wie ein großzügiger Pavillon, der dem Garten den Vortritt lässt und ihn zu einem Zwiegespräch einlädt.

Orangenbäume und Dattelpalmen, in deren Schatten man hindurchwandelt, säumen den Garten. Ein zentraler Wasserkanal, der sich immer wieder zu ovalen Becken weitet, bildet das Rückgrat, er verbindet die beiden Gebäude. Ein bunter gepflanzter Blumenteppich breitet sich links und rechts der Wasserachse aus. Man wähnt sich plötzlich im Paradies, in einer Oase der Ruhe und des Friedens. In mir steigt Glückseligkeit, Zufriedenheit und eine unbeschreibliche Geborgenheit hoch. Man möchte diesen Ort nicht verlassen, möchte nicht wieder raus in den harten, dunklen iranischen Alltag, in das Gedränge und den Lärm.

Die ehrliche Neugierde und das Interesse der Iranerinnen und Iraner ist überall anzutreffen. Niemals wirkt es aufdringlich oder Geschäfte machend, es ist so als wollten sie damit zeigen, dass sie anders sind als die politische Welt über sie denkt. – Auch an diesem friedlichen Ort kommt es zu einem intensiven Gespräch mit zwei jungen Iranern. Sie wundern sich, fast mitleidig, dass ich ihr Land allein bereise. Wie immer enden solche Gespräche mit einer Einladung zu ihrer Familie. Es war der Beginn einer wunderbaren Iranreise: Ich reiste von einem Ort zum anderen und fühlte mich überall erwartet.

Geschichte N°37 | September

DAHLIEN

Wie aus der Zeit gefallen scheinen die üppigen, barock anmutenden Blüten der Dahlien. Sie sind von verschwenderischer Pracht und überbordender Fülle. Es scheint, dass es bei Dahlien nie genug sein konnte, immer ist noch etwas hinzugefügt worden. Noch größer, noch pompöser, noch verspielter als man es sich ausdenken konnte. Aus einer kartoffelförmigen braunen, derben Knolle entwachsen diese außerirdischen Blüten, als seien sie nicht von dieser Welt. Sortennamen wie Sommerlachen, Zinnoberkönig, Willkür oder Feuerball lassen Bilder im Kopf wach werden, die nur von der Wirklichkeit übertroffen werden.

Dahlien kann man nur lieben oder hassen! Schon als Kind faszinierten mich Dahlien; ich staunte, wie aus diesen Knollen, die unbeachtet im Keller überwintert hatten, diese üppigen, teils mannshohen Stauden wachsen konnten, mit Blüten in den üppigsten Farben und Formen. Von riesigen strahlenförmigen Sonnen über pomponartige kugelige Blüten bis zu anemonenblütigen Dahlien gibt es eine schier unendliche Vielfalt. Blaue Dahlien jedoch sind ein hartnäckiges Gerücht. Es ist wie die Suche nach der blauen Blume der Romantik. Die Dahlie, auch Georgine genannt, stammt aus Mexiko und Guatemala. Sie wurde bereits von den Azteken kultiviert, als essbare Knolle und die Blüten als Opfergabe für die

Götter. Der Naturforscher Francisco Hernandez beschrieb die Dahlie erstmals 1615. Es sollte noch zweihundert Jahre dauern, bis sie das erste Mal in Europa blühte. Alexander von Humboldt brachte sie in den deutschsprachigen Raum. Auch Goethe begeisterte sich für die Dahlien, kultivierte sie in seinem Garten in Weimar und verewigte sie in einigen Gedichten und Erzählungen.

Die Dahlie wird auch als Königin des Herbstes bezeichnet, aufgrund ihrer sehr langen Blütezeit, verlässlich bis zum ersten Frost. Dann wird es wieder Zeit, die Dahlien auszugraben und im dunklen Keller, gepackt in Sand oder Sägespäne, zu überwintern. Der großen Variabilität der Dahlie verdanken wir den Formenreichtum, sie lässt sich leicht züchten und kreuzen. Daher tauchen jährlich viele neue Formen und Farbkombinationen auf. Unzählige Dahlienvereine und Dahlienliebhaber frönen dem Züchten neuer Dahlien, die stolz in diversen Ausstellungen gezeigt werden. Die begeisterten Züchter sind wie die Dahlien: üppig, leidenschaftlich und mit überbordender Ernsthaftigkeit bei der Sache. Man weiß nicht, was einen mehr in den Bann zieht, die Blüten der Dahlien oder die Züchter. Bei der Verwendung von Dahlien ist Vorsicht geboten, denn sie ziehen alle Aufmerksamkeit auf sich. In bunten Bauerngärten, als Reihe oder als Dahlienfeld angelegt, kann diese Blüte begeistern. In letzter Zeit sieht man Dahlien wieder vermehrt in Kombination mit Sommerblumen, wo sie kräftige Farbakzente setzen. Eine rein schwarze Dahlie findet man hingegen nur im Roman oder im Film: ein Mordopfer, welches bereits zu Lebzeiten als *Black Dahlia* bezeichnet wurde.

DER BISCHOFSHOF

Dienstag, 13. September 2021, 9 Uhr, Bischofshof, steht in meinem Terminkalender. Ich freue mich sehr auf diesen Termin, da ich diesen verschlafenen und etwas in die Jahre gekommenen Garten – oder besser gesagt Park – schon kenne, von der Aktion „Lange Nacht der Kirchen". Pünktlich radle ich zum Bischofshof, melde mich bei der Pforte an und warte gespannt, was kommen wird.

Der Bischofsvikar, der Verantwortliche für alle Neu- und Umbauten der Diözese, sowie der Hausmeister heißen mich herzlich willkommen. Durch den gepflasterten barocken Hof öffnet sich das Tor in den großen, parkähnlichen Garten. Wie in einer anderen Welt fühlt man sich, wenn man ihn betritt. Ein verbotener, geheimer Garten liegt vor mir. Umschlossen von Mauern und Gebäuden, bewahrt er sein Geheimnis vor fremden Blicken. Eine Mittelachse führt den Blick sofort zur doppeltürmigen Ursulinenkirche, die einen Straßenzug entfernt liegt. Man spürt, wer hier das Sagen hat, wer der Mittelpunkt des Gartens ist. Am Ende der Achse, an der Mauer zum Gastgarten des Klosterhofes, steht eine barocke Figurengruppe mit dem heiligen Nikolaus. Eine Querachse viertelt den Garten, an deren Enden eine Nepomuk-Statue und ein klobiger Holzpavillon stehen. Ein Geschenk an einen Bischof, das zu viel Aufmerksamkeit auf sich zieht. Buchsbaumhecken, Rosen- und Staudenbeete begleiten die Wegachsen. Gruppen aus Hortensien, eingestreute Obstbäume, Magnolien und eine mächtige Eibe prägen das Bild des Gartens. Beim Rundgang ergeben sich wunderbare, inspirierende Gespräche, zum Garten, zur Geschichte, zu den Heiligenfiguren und zu diversen Veränderungen in der Vergangenheit, die dem Garten nicht guttun. Faszinierend, wie klar, einsichtig, philosophisch und dem Garten dienend Gedanken ausgetauscht werden. Wohltuend, da es nicht um Effekthascherei und Eitelkeiten geht. Man merkt, dass die Kirche nach wie vor ein zukunftsweisender und innovativer Bauherr ist. Wohltuend auch die humanistische Weltanschauung, welche die Begegnung prägt. Es ist eine Berührung mit der Schönheit, mit der Seele und dem Geist.

Der Garten braucht nicht viele Veränderungen. Einige Pflanzen gehören entfernt, die willkürlich in den Garten gekommen sind; die Sichtachsen werden wieder freigelegt. Die Wege werden erneuert und die barocken Figuren bekommen einen würdigen Vorplatz. Der dominante Pavillon wird durch Obstspaliere entschärft und die Pflanzbeete werden neu geordnet und in Form gebracht. Behutsamkeit und Bescheidenheit ist das Gebot der Stunde. Das tut beiden gut, dem Garten und der katholischen Kirche. Beseelt, glücklich und dankbar steige ich nach dem Termin auf mein Fahrrad, mit dem fixen Gedanken im Kopf, dass ich den schönsten Beruf habe, den es gibt.

DER NATÜRLICH SCHÖNSTE GARTEN

Ein Haus wird gebaut, und während dieser Bauzeit, meistens zwischen ein und zwei Jahren, wächst still und heimlich ein Garten auf dem Grundstück. Unbeachtet und ohne jedes Zutun wachsen und gedeihen interessante Pflanzenbiotope. Je nach Boden und Standort, ob sonnig und trocken oder schattig und feucht, entwickeln sich spannende Pflanzenkombinationen. Es wächst und floriert eine Nachhaltigkeit, die ein Folgegarten nie mehr erreichen wird. Erstaunlich, wie rasch die Natur zurückholt, was ihr gehört, was ihr weggenommen wurde.

Die oberste Bodenschicht, der Humus, wird meist abgezogen, der zurückbleibende karge Boden ist ein Refugium für ein Trockenbiotop. Rasch werden die freien Flächen von Königskerze, Rainfarn, Mariendistel, Sommerflieder, Goldrute, Wegwarte, Breitwegerich, Kamille, Oktoberkraut oder Klatschmohn besiedelt. Sollte die Baustelle länger bestehen, gesellen sich Birke, Palmkätzchen, Roter Holunder, Zitterpappel und Brombeeren dazu. Der durchlässige Schotter-Sand-Boden ist für Wild- und Erdbienen ein Paradies. Schmetterlinge finden plötzlich wieder die nötigen Wirtspflanzen für ihre Entwicklung. Vögel kann man bei ihrem Sandbad beobachten. Auf schattigen und feuchteren Böden entstehen kleine Pfützen mit Wasserlinsen, Binsen, Blutweiderich und diversen

Sauergräsern. Es dauert keine drei Tage, bis die ersten Frösche einziehen und ablaichen. Vögel finden wieder genügend Insekten. Erlen und Weiden bilden den Rahmen. Auf diesem Grundstück soll ein neuer Garten entstehen, mit schön gepflegtem Rasen, blühenden Staudenbeeten und einigen Sträuchern. Ein Chlor-Pool soll den Gartengenuss vervollständigen. Der Garten soll keine Arbeit machen und trotzdem immer gepflegt aussehen. Zeit und Geduld, um uns um den Garten zu kümmern, haben wir keine. Das Pflanzenbiotop und die Vielfalt, die sich in der Zwischenzeit entwickelt haben, erkennt niemand, die sieht keiner, alles wird als Wildnis abgetan. Im Gegenteil: Man hat Angst, dass diese Wildnis im Garten wiederkommt! Gnadenlos wird diese Fülle entfernt, einplaniert und entsorgt. Eine dicke Schicht Humus deckt alles zu, erstickt die Reichhaltigkeit.

Diese Unachtsamkeit und Zerstörung zu sehen tut jedes Mal weh, mein Herz blutet, denn ein noch so nachhaltiger Garten kann diese Vielfalt nicht mehr ersetzen. Natürlich wird ein Grundstück gekauft, um darauf ein Haus zu bauen und einen Garten anzulegen. Aber wir sollten danach trachten, in unseren Gärten ein Stück dieser Wildnis zu erhalten. Nicht jedes Eck im Garten muss durchgestylt sein, lassen wir wieder wilde Ecken im Garten zu, wo sich die Natur frei entfalten kann.

Erst wenn wir erkennen, welche Paradiese sich vor unseren Augen auf unserer Gartenbaustelle entwickeln, ohne jedes menschliche Zutun, erst dann werden wir verstehen, wie kraftvoll und klug die Natur agiert. Es ist eben der natürlich schönste Garten.

Geschichte N°40 | September

AM ENDE MIT MEINEM LATEIN

*H*amamelis mollis* blüht im Vorfrühling mit leuchtend gelben fädigen Blüten, gemeinsam mit *Galanthus nivalis* und *Erantis hyemalis*. *Cercis siliquastrum* folgt dann im Hochfrühling und beeindruckt durch Kauliflorie. Die leguminosenartigen rosa Blüten überziehen sprichwörtlich den gesamten Baum. *Davidia involucrata* hat keine Blüten, sondern es sind Brakteen, welche den Sommer einläuten. Im Sommer zieht *Buddleja davidii* Schmetterlinge und sonstige Insekten magisch an, verantwortlich dafür sind seine nach Honig duftenden Blüten.

Der Nachsommer wird vom *Heptacodium miconioides* eingeläutet. Seine jasminartigen weißen Blüten werden von Bienen und Hummeln gestürmt, da es zu dieser Zeit kaum noch Nektar und Pollen gibt. Mit seinen leuchtend roten Fruchtständen begleitet er uns nahtlos in den Herbst. Dann haben die Frucht- und Beerenschmuck-Sträucher ihren großen Auftritt. *Callicarpa bodinieri* überzeugt mit seinen violett leuchtenden Kügelchen, einem ganz seltenen Farbton in unseren Gärten.

Die orangerot leuchtenden Früchte von *Hippophae rhamnoides* sind da schon bekannter und einladender für den Verzehr. *Viburnum bodnantense* läutet gleich doppelt den Spätherbst ein, einmal durch seine leuchtend rote Herbstfärbung und ein zweites Mal durch seine zartrosa Blüten, die nach den ersten Frösten zu blühen beginnen. Diese Blüten begleiten durch den ganzen Winter; sobald es wieder wärmer wird, blühen und duften die zartrosa Dolden. So geht Garten nach Karl Foerster!

Übersetzung:

Die Zaubernuss blüht im Vorfrühling mit ihren gelb leuchtenden fädigen Blüten, gemeinsam mit dem Schneeglöckchen und dem Winterling.

Der Judasbaum folgt dann im Hochfrühling und beeindruckt mit seiner Stammblüte. Die rosa kleeartigen Blüten überziehen sprichwörtlich den ganzen Baum.

Der Taschentuchbaum hat keine Blüten, sondern nur weiße Hochblätter; er läutet den Sommer ein.

Im Sommer zieht der Sommer- oder Schmetterlingsstrauch Insekten, Schmetterlinge und Hummeln magisch an, verantwortlich dafür sind die nach Honig duftenden Blüten.

Der Nachsommer wird vom Herbstjasmin oder dem „Sieben Söhne des Himmels"-Strauch eingeläutet. Seine jasminartigen Blüten werden von Bienen und Hummeln regelrecht gestürmt, da es zu dieser Zeit kaum noch Nektar und Pollen gibt. Mit seinen leuchtend roten Fruchtständen begleitet er uns nahtlos in den Herbst.

Im Herbst haben die Frucht- und Beerenschmuck-Sträucher ihren großen Auftritt. Der Liebesperlenstrauch überzeugt mit seinen violett leuchtenden Kügelchen, einem ganz seltenen Farbton in unseren Gärten.

Die orangerot leuchtenden Früchte des Sanddorns sind da schon bekannter und einladender für den Verzehr.

Der Winterduftschneeball läutet gleich doppelt den Spätherbst ein, einmal durch seine leuchtend rote Herbstfärbung und ein zweites Mal durch seine zartrosa Blüten, die nach den ersten Frösten zu blühen beginnen. Diese Blüten begleiten uns durch den ganzen Winter; wenn der Winter Pause macht, blühen und duften die zartrosa Dolden des Winterduftschneeballs.

Garten ist keine Wissenschaft, sondern ein Lebensgefühl.

Sommer im Garten

In das Gartenglück des Sommers eintauchen!

Hans im Glück

Georginen, bekannt als Dahlien

Herbst

Oktober und November

Der Herbst will mit seiner Farbenpracht vom nahen Ende des Jahres ablenken.

GÄRTNER
SEELE

Blick auf Nussbaum (Juglans regia)

MEIN HERBSTBEGINN

Heute ist es endlich so weit, ich halte die ersten Kastanien des Jahres in meiner Hand! Mein ganz persönlicher Herbst kann jetzt beginnen. Seit Tagen warte ich auf diesen Moment. Täglich durchwate ich bei meinem Morgenlauf die bereits gefallenen Laubschichten unter den Kastanien. Drei kleine, fast schüchterne Kastanien halte ich in meiner Hand, teilweise noch versteckt in der stacheligen, grünen Hülle. Ich schiebe sie in den Händen hin und her, dann kommen sie sofort in meine Hosentasche. Eine der Kastanien verschenke ich an meine Nachbarin, überrascht und voller Freude nimmt sie die Kastanie in die Hand.

Frisch vom Baum gefallene, noch jungfräuliche Kastanien glänzen mahagonimatt und fühlen sich seidig weich an. Ein hellbrauner Nabelfleck vermenschlicht die Frucht. Die Kastanien liegen sehr gut in der Hand, sie gleiten über meine Handflächen und schlüpfen durch meine Finger. Wie chinesische Klangkugeln fühlen sie sich an, mit dem großen Vorteil, dass sie keinen Ton von sich geben. Ich werde bis spät in den Herbst hinein immer Kastanien in meiner Hosentasche tragen. Sie beruhigen mich und das Handspiel mit ihnen wirkt meditativ. Werden die Kastanien zu schrumpelig oder verlieren sie zu sehr ihren Glanz, tausche ich sie gegen neue aus. Ein Teil der Kastanien wird verschenkt, man kann damit fremde

Menschen sehr einfach überraschen und ihnen ein Lächeln ins Gesicht zaubern. Meine Kastanienliebe entwickelte sich während meiner Studienzeit. Eine nicht repräsentative Studie sollte zeigen, wie Menschen auf unerwartete Geschenke reagieren; dieses Geschenk war eben eine Kastanie. Frech und vorlaut wurde griesgrämigen Menschen eine Kastanie überreicht. Die Reaktionen waren so überraschend wie das Geschenk, jedoch freuten sich die meisten und schätzten die kleine Geste. Manche waren peinlich berührt und sehr wortlos, nur ein ganz kleiner Teil verweigerte das Geschenk. Seit dieser Studie gehört die Kastanie zu meinem Herbstbeginn.

Die Rosskastanie hat neben den Früchten auch noch viele andere Vorzüge, so findet sie Verwendung in der Medizin, der Kosmetik und bei der Farbenherstellung. Das Kastanienholz ist sehr rissfest und wird gerne für Leimholz verwendet. Die Blüten zeigen eine Besonderheit: Solange sie noch bestäubungsfähig sind, leuchten sie gelb, sind sie bereits befruchtet, sind sie rot. Warum die Kastanie gerne als Gastgartenbaum verwendet wird, hat mir bis jetzt noch niemand schlüssig erklärt. Aber Kastanien wachsen in der Jugend sehr schnell und bieten rasch einen guten Schatten, und im Alter haben sie eine breitausladende Krone.

Kastanien leiden sehr unter unserem trockenen Stadtklima und der Bodenversiegelung. Viele Schädlinge und Pilzkrankheiten tun ihr Übriges, sodass Kastanien bereits im Juli schon wie im Spätherbst aussehen können. Wenn ich im Frühjahr noch alte Kastanien in meinem Wintermantel finde, dann war es ein gutes Kastanienjahr und ein schöner Herbst.

EIN LEUCHTEN UND BRENNEN

Was für ein Geschenk, was für eine Verschwendung, was für ein Farbenrausch, wenn sich das Jahr in die Winterruhe verabschiedet! Warum macht die Natur das? Für alles gibt es einen tieferen Grund, nichts wird in der Natur so verschwenderisch inszeniert, ohne einen Nutzen zu haben. Die Bäume leuchten förmlich gegen die kurzen und kühlen Tage an. Will sich das Gartenjahr mit dieser leuchtenden Farbenpracht verabschieden, damit wir eine Vorahnung auf das kommende Frühjahr haben, bevor es in die trübe, dunkle und farblose Jahreszeit geht?

Der chemische Prozess für den Farbenrausch ist geklärt, das Chlorophyll wird aus den Blättern abgezogen und in Stamm und Zweigen eingelagert. Gelbe und orange Farbstoffe enthalten keine Nährstoffe, sie bleiben im Blatt zurück und bescheren uns die herbstliche Farbenpracht. Aber so nüchtern kann niemand einen Waldrand bewundern, der von der Abendsonne bestrahlt in allen Farben zu glühen scheint.

Der goldene Herbst, als Synonym für den Lebensabend, golden leuchtend, bis die Blätter lautlos zu Boden fallen. So lautlos, als hätte es sie nie gegeben. Nur das Rascheln beim Waten durch gefallenes Laub erinnert an sie. Wenn die Bäume nackt und leer sind, fehlt einem oft die Vorstellungskraft, wie sie aussehen mit dem grünen, üppigen Blätterkleid. Vielleicht ist es auch das fehlende Vertrauen darauf, dass es wieder Frühling wird. Das Brennen und Leuchten kämpft gegen drohende Herbstdepressionen an, es ist wie eine Lichttherapie in dieser dunklen Zeit. Ein Spaziergang oder eine Wanderung wirken Wunder, und wir füllen unsere Batterien wieder auf. Ein Feldahorn, ein Spitzahorn leuchtet golden, als ob die Sonne aufgehen würde. Ein Ginkgo behält seine Blätter sehr lange am Baum, er strahlt bis in den Dezember hinein, als ob er die frohe Botschaft von Weihnachten verkünden möchte. Wie Golddukaten liegen dann die Blätter am Boden. Feuerrote und rotorange Farbtöne sehen wir bei der Sumpfeiche, beim Amberbaum oder bei Kirschbäumen. Felsenbirne, Blumenhartriegel und die Zaubernuss haben im Herbst außergewöhnliche Färbungen und Blattzeichnungen. Der Wilde Wein oder die Mauerkatze lassen jede Wand zu einer Feuermauer werden.

Nicht umsonst wird der Herbst als zweiter Frühling bezeichnet. All diese Pracht nur einer wissenschaftlichen Erklärung zuzuschreiben fällt mir schwer. Es ist ein magisches Leuchten und Brennen, es erwärmt Seele und Geist, markiert das Vergängliche und die Schönheit der Endlichkeit. Die Natur verabschiedet sich mit Pauken und Trompeten, sie zeigt noch einmal welche Kraft in ihr steckt, gleichsam als Dankeschön für das überstandene Jahr. Nicht zu Tode gekommen durch Trockenheit, CO_2 oder sonstige klimatische Einflüsse. Die Natur feiert und zelebriert den Abschied. Ein leises, aber farbenfrohes Ende. Ein einziger Herbstwind trägt die Farbenpracht davon, leicht und lautlos segeln die Blätter weiter und lassen den Baum nackt zurück.

SPÄTE LIEBE

Wer kennt sie nicht, die Astern mit ihren kräftigen Farben und ihrer Vielfalt. Unverwüstlich, robust und dominant wachsen sie im Staudenbeet. Es dauert ein gefühltes Gartenjahr, bis ihre Zeit gekommen ist. Bis in den Spätsommer hinein fristen sie ein unscheinbares und unauffälliges Dasein im Garten. Ende August jedoch beginnen sie in ihren kräftigen Farben zu leuchten. Es sind reine Farben, die keine Zwischentöne zulassen, so als gäbe es keine Zeit mehr zu verlieren, wenn die Tage kürzer und die Nächte kühler werden. Die Astern läuten mit ihrer Vitalität und ihren Farben das Ende der Gartensaison ein. Sie bringen das Staudenbeet und den Garten nochmals zum Leuchten und Strahlen. Es gibt noch viele weitere herbstblühende Stauden, wie Herbstanemonen, Eisenhut, Silberkerze, Herbstlauch oder Chrysanthemen, aber keine dieser Stauden trägt so viel Schlichtheit und Strahlkraft in sich wie die Herbstastern. Lange habe ich Astern in meinen Pflanzplänen nicht vorgesehen, ich habe auf das herbstliche Feuerwerk der leuchtenden Farben verzichtet und all die Vorzüge dieser Pflanze. Ich habe sie als altmodisch und hausmütterlich abgetan und beiseitegeschoben. Der Grund ist einfach: Als ich ein Kind war, hatten wir ganze Zeilen von Astern in unserem Garten, und wenn diese in kräftigem Blau und Rosa zu blühen begannen, war es vorbei mit den Sommerfreuden, den langen Ferien und der großen Freiheit. Es war nicht zu übersehen, dass sich der Schulbeginn ankündigte.

Herbstastern (Aster dumosus)

DER EFEU

Weil man ihn zu kennen glaubt, läuft man meist am Efeu vorbei und beachtet ihn nicht weiter. Aber der Efeu birgt viele Geheimnisse und Überraschungen in sich. Wenn man im September vor einer blühenden Efeuwand steht, fühlt es sich an, als sei man in einen Bienenschwarm geraten. Es brummt, es surrt und ein emsiges Treiben herrscht über den zartgelben Blütendolden. Der Efeu ist im Herbst ein wichtiger und ertragreicher Nektarlieferant für Bienen, Wespen, Hornissen, Schwebfliegen, Schmetterlinge und die Efeu-Seidenbienen. Im Frühling lieben die Vögel die mattschwarzen Beeren.

Der Efeu, *Hedera helix,* ist ein pflanzliches Chamäleon: Wenn er geschlechtsreif wird, verändert er seine Blattform. Gefingerte drei- bis fünflappige Blätter hat der junge Efeu, als Altersform sind sie elliptisch bis eiförmig. Die jungen Blätter sind weißlich geädert und sehen marmoriert aus.

Der Efeu ist eine extrem anpassungsfähige Pflanze, er gedeiht an Plätzen, wo andere schon längst das Weite gesucht haben, weil es an Licht mangelt. Der Efeu nimmt mit jeder Pflanze den Kampf auf und gewinnt auch meist, wegen seiner Beharrlichkeit und Ausdauer.

Er klettert Bäume hoch; er benützt diese nur als Kletterhilfe, ohne ihnen Nährstoffe zu entziehen. Irgendwann wird aber das Gewicht für den Baum zu groß und er bricht in sich zusammen. Der Efeu kann bis zu fünfhundert Jahre alt werden und einen mächtigen Stamm ausbilden, der dem eines Baumes gleicht.

Der Efeu ist eine symbolträchtige Pflanze, er diente als Orakelpflanze und war dem ägyptischen Osiris, dem griechischen Dionysos und dem römischen Bacchus geweiht. Bei uns gilt er als Symbol für das ewige Leben und ist auf vielen Grabdenkmälern zu sehen. Paradox, dass der Efeu einerseits das Symbol für ewiges Leben ist, andererseits diente er auch als Abtreibungsmittel. Was für die Griechen der Olivenkranz und für die Römer der Lorbeerkranz war, ist bei uns der Efeukranz, mit dem Dichter, Sportler oder Kriegshelden geehrt wurden.

Neben all dieser symbolischen Bedeutung findet der Efeu auch in der Medizin, in der Kosmetik und in der Reinigungsindustrie Verwendung. Nicht umsonst wurde er zur Heilpflanze des Jahres 2011 gekürt. Im Garten schafft der Efeu wunderschöne, ruhige und poetische Gartenbilder, als Zaun, als immergrüne Laube, als flächiger Bodendecker oder als vertikaler grüner Garten, der die Wände hochklettert. Mit seinen Haftwurzeln schafft er es in luftige Höhen und bildet eine schützende, wärmende und kühlende Haut für Häuser. Efeuwände sind ein Refugium für Vögel und Insekten.

GEHEN IST DIE SCHULE DES SEHENS

Gehen in Form von Wandern hat etwas Klärendes, Meditatives und Heilendes an sich! Warum quält man sich für Tage durch Landschaften? Ja, es gibt eine sportliche Komponente, verbunden mit Ehrgeiz und Eifer, viel größer ist aber die reinigende Wirkung für Geist und Seele. Ab den ersten Schritten ist man in seiner eigenen Welt, weit weg von Stress und Alltagssorgen. Bei Urlauben oder Reisen bedarf es immer mehrerer Tage, bis man den Alltag hinter sich lässt.

Das Gehen beansprucht Körper und Geist gleichermaßen. Es heißt nicht umsonst, Gehen ist die Schule des Sehens. Man entdeckt und sieht plötzlich Dinge, an denen man bis jetzt achtlos vorbeigefahren oder vorbeigehetzt ist. Die Geschwindigkeit und die Augenhöhe lassen beim Gehen andere und intensivere Blickwinkel zu.

Sechs Tage Nordwaldkammweg, entlang der tschechisch-österreichischen Grenze. Ein tägliches Pensum von fünfundzwanzig bis dreißig Kilometern. Unterwegs in einer Gegend, die man zu kennen glaubt, da man hier aufgewachsen ist. Das Weitwandern belehrt einen eines Besseren, es zeigt, wie blind und taub, wie unachtsam und gestresst man bisher durch die Gegend gelaufen ist. Der erste Tag wäre schon Grund genug gewesen, das Handtuch zu werfen. Regen und Schneefall machten das Wandern zur Plage. Jede noch so kurze Pause ließ mich frösteln. Der kalt-feuchte Nebel kroch den Berg hoch und durch die wasserfeste Kleidung. Vertieft und verloren in Stifters Erzählungen „Der Hochwald" oder „Bunte Steine", konnte ich das schlechte Wetter vergessen. Vor allem die Erzählung „Bergkristall" brachte ich nicht aus dem Kopf. Jene über die zwei Kinder, die sich am Weihnachtstag im verschneiten Wald verirrt hatten; die Suchaktion versöhnte die verfeindeten Dörfer wieder. Viele Naturbeschreibungen spürte ich am eigenen Leib, einige Ängste der verirrten Kinder kamen auch mir in den Sinn. Ich bereute es, nicht vor der Wanderung tiefer in Stifters Werk eingetaucht zu sein. Meine Reisen beginnen meist mit Literatur vom Reiseziel. Sie lässt einen tiefer und emotionaler in den Geist der Gegend und der Menschen eintauchen.

Der zweite Tag mutete wie ein Geschenk an, als die wärmenden Sonnenstrahlen durch den Tannenwald stachen. Wie der Strahlenkranz um den Gekreuzigten oder der Sternschweif der Heiligen Drei Könige erschienen mir die Sonnenstrahlenbündel. Ein Schauspiel, das sich jeden Morgen wiederholen sollte. Beim Gehen hängt man Gedanken nach, spinnt sie weiter, verfeinert sie und schmunzelt zufrieden vor sich hin. Da der Böhmerwald meine Heimat ist, wo ich aufwuchs und meine ersten Naturerfahrungen machte, war die Kindheit ständiger Begleiter auf meiner Wanderung. Ich entdeckte Orte, Plätze, Häuser und Gärten, welche denen meiner Kindheit glichen. Eine weitere Tugend habe ich beim Weitwandern entdeckt, wie wenig es braucht, um glücklich zu sein. Ein weißes, weiches Bett, ein Sonnenuntergang, eine warme Mahlzeit, ein schöner Gedanke machen zufrieden und glücklich!

NOVEMBERSTILLE

Ein stiller Novembertag. Lautlos, traurig, bedrückend und trostlos liegt der Park vor mir. Es liegt etwas Faszinierendes und gleichzeitig Bedrückendes in der Luft. Der Tag wirkt morbid und trägt Vergänglichkeit in sich. Es ist einer jener Tage, wo man glaubt, die Welt stünde still. Ein trüber Novembertag. Absolute Stille, kein Windhauch, kein Herbstblatt fällt vom Baum, keine Vogelstimmen, kein Kindergeschrei, ja sogar der Verkehr auf der nahen Straße scheint stillzustehen. Aber es ist eine traurige Stille, eine schwere Stille, eine dunkle Stille. Feuchter, schwerer Nebel liegt in der Luft und hält die Natur in Atem. Die Blätter hängen traurig, farblos und triefend nass in den Bäumen oder liegen als klebrige Masse am Boden. Vorbei sind das Leuchten und Brennen des Herbstes. Vorbei sind das übermütige Tanzen und Wälzen im trockenen Herbstlaub! Das Herz wird schwer beim Anblick dieser Szenerie, das Gefühl von Einsamkeit macht sich breit, gepaart mit Wehmut beim Gedanken an den letzten Sommer. Wo sind die Leichtigkeit und die Unbeschwertheit, wo sind die Farben des Sommers, wo ist die wärmende Sonne? Der November ist ein Übergangsmonat, ein Monat zwischen den Zeiten, der Herbst liegt in den letzten Zügen, die Weihnachtszeit ist in greifbarer Nähe. Man hat noch nicht richtig abgeschlossen, ist aber auch noch nicht für Neues bereit. All das macht den November zu einem schwierigen Monat – zu meinem schwierigsten Monat!

Naturpool im Novembernebel

DIE KUNST DER FUGE

Johann Sebastian Bach, der Meister der Fuge, würde seine Freude damit haben. Fugen sind ein sich immer wiederholendes Motiv, aber in einer anderen Tonlage. Die musikalische Fuge stammt aus der Barockzeit, das Wort kommt aus dem Lateinischen und bedeutet so viel wie Flucht *(fuga)*. Hier finden wir die Gemeinsamkeiten von Fugen im Garten und in der Musik.

Die Fugen, von denen ich heute erzähle, sind auch eine unendliche Wiederholung, eine Wiederholung von Abständen zwischen Platten, Steinen und sonstigen Bodenbelägen. Diese Fugen können dicht, abweisend und geschlossen, also kärchertauglich sein. Aber es gibt sie auch in grün und lebendig, vielfältig und bunt. Fugen schaffen Platz für Hungerkünstler unter den Pflanzen, sie sind wasserdurchlässig und nachhaltig. Offene Fugen helfen allen, sie lassen Wasser langsam in den Boden sickern, schaffen Lebensraum für viele Insekten, Wildbienen, Käfer und Pflanzen.

Grüne Fugen fördern die Vielfalt im Garten, obendrein sind die lebendigen Fugen schön, ästhetisch und sie lösen die Monotonie auf. Pflanzen in den Fugen sind Spezialisten, oft kleine, zarte Versionen aus dem speckigen und fetten Gartenbeet neben dem Weg. Warum haben wir Angst vor dieser Vielfalt?

Geschichte N°47 | November

Ist es der Kontrollverlust, die Furcht, nicht alles im Griff zu haben? Kaum sehen wir, dass sich ein Blümchen durch die Fugen quält, laufen wir schon nach dem Unkrautsalz oder den Restbeständen von Roundup. Fugen werden wie schmutzige Fingernägel gesehen, jede Verunreinigung wird als peinlich, als störend empfunden und muss sofort entfernt werden. Anscheinend mögen wir es sauber, clean, abwaschbar und steril, getrieben von der Angst vor Unordnung. Zersetzungserscheinungen, Unkontrollierbarkeit sind uns ein Gräuel. Hilfe, die Natur holt sich meinen Parkplatz oder meine Terrasse zurück!

Wir brauchen mehr Mut zur Unordnung, zur Wildheit und zur unbändigen Natur. Mehr Mut zum Zufall und zum Faulsein und Zurücklehnen. Mehr Mut zum Ertragen und zur Gelassenheit, aber auch Mut zur bösen Nachrede in der Nachbarschaft und zur Ungehorsamkeit. Mehr Mut zur Rebellion im Garten, mehr Mut zum Unkraut und um Wildes als schön zu erkennen. Egal ob Mauer- oder Pflasterfugen, dicht bewachsen mit Moosen, Flechten oder mit wildem Thymian: Komponieren wir die Fugen im Garten, egal ob breite, schmale, tiefe, sonnige, schattige, feuchte oder trockene, sie ergeben alle einen wunderbaren Notenspiegel. Solche Fugen weisen den Weg: Wo viel begangen, wächst kaum etwas aus den Ritzen, Wegränder und selten benutzte Pfade hingegen sind durchzogen von einem grünen Netz. Ein ausgebreiteter Teppich, gewoben aus grünen Fugen, heißt einen Willkommen. Achtsam betreten wir das Haus, der Weg ist gesäumt von allerlei Schönheiten.

Geschichte N°48 | November

SISYPHUS

Der zeitige Morgen gehört nur mir, und er beginnt mit meinem Morgenlauf. Ich genieße die Ruhe und das Gefühl, alleine im Park zu sein. Doch in den letzten Tagen kommt diese Ruhe aus dem Gleichgewicht und wird empfindlich gestört. Von Weitem schon vernehme ich ein nervendes Geräusch, das den ganzen Park vereinnahmt. Im Duett hört man ein Aufheulen und wieder Abflachen, ein Um-die-Wette-Jammern. Je näher man kommt, umso lauter wird das Heulen. Es hört sich an, als würde an zwei Mopeds übermütig am Gasdrehgriff gedreht.

Erstaunt erkenne ich zwei sich duellierende Laubbläser und bin überrascht, dass etwas so Kleines so viel Lärm machen kann. Ja, richtig gehört, Laubbläser, welche die Herbstblätter von den Wegen in die Rasenflächen blasen. Stoisch schwenken zwei Mitarbeiter des Gartenamtes die Laubbläser hin und her.

Große Kopfhörer lassen sie taub erscheinen. Der nächste Windstoß macht die ganze Arbeit wieder zunichte. Heiter und keck fegt ein leichter Herbstwind die bunten Blätter wieder zurück. Es mutet wie ein Spiel an, an dem alle ihre Freude haben. Es beginnt immer wieder von vorne, und am nächsten Tag sind die Wege wieder voller bunter Laubblätter.

Ich beobachte amüsiert eine Weile das bunte Treiben, das Hin und Her, den Kampf mit dem Herbstlaub. Sisyphusarbeit – wie in der griechischen Sage, wo der König von Korinth als Strafe einen riesigen Steinbrocken einen Berg hinaufrollen soll. Die Aufgabe gelingt nie, und immer wieder beginnt seine Tätigkeit von Neuem.

Zu Hause denke ich mir, Laubbläser sind ein Synonym für unsere Zeit, sie lärmen, verpesten die Umwelt und sind unnütz. Sie verrichten ihre Arbeit nur zum Schein, Nachhaltigkeit sieht anders aus! Der gute alte Laubrechen scheint aus der Mode gekommen zu sein. – Fast lautlos streift er die Blätter vom Kiesweg und hinterlässt ein interessantes Muster. Laubbläser haben etwas Martialisches, Waffenartiges und Bedrohliches an sich; sie liegen gut in der Hand und machen aus jedem Gartenarbeiter einen lächerlichen Helden. Vielleicht sind sie deshalb so beliebt: um Krieg gegen das Herbstlaub zu führen!

CHRYSANTHEMEN

Was für ein schöner Name, was für ein geheimnisvoller und vielversprechender Name. Er klingt für mich nach einer griechischen Göttin. So falsch ist dieser Gedanke nicht. Bereits Plinius der Ältere verwendete die Bezeichnung *Chrysánthemum*, das soviel wie Gold-Blüte oder Gold-Blume bedeutet. Wird die Chrysantheme all diesen meinen Zusprechungen gerecht?

Chrysanthemen sind besser als ihr Ruf. Sie werden gerne als Grab- oder Allerheiligenblumen abgetan und damit in eine Schublade gesteckt. Jedoch sind ihre Vorzüge erstaunlich, denn sie gehören zu den letzten Blumen, die gegen den trüben Herbst ankämpfen. Die letzte Dahlie ist bereits mit dem ersten Frost braun geworden und verfault. Die Herbstastern haben auch Ende Oktober zu blühen und zu leuchten aufgehört. Mit den ersten Nachtfrösten jedoch treiben die Chrysanthemen ihre ersten Blüten, in einer schier unendlichen Vielfalt in Farbe und Form.

Die kurzen Tage und die kalten Nächte sind notwendig, dass sie zu blühen beginnen. Es ist die verkehrte Welt der Chrysanthemen, bis weit in den Dezember hinein wird Farbe bekannt. Margeritenblütig, spinnenartig, sternförmig, einfach oder gefüllt blühend oder schneeballblütig zeigen sie sich sehr vielfältig.

Geschichte N°49 | November

Die Farben sind der Jahreszeit angepasst, eher gedämpft und zurückhaltend, von gelbgrün, weiß, braunrot bis violett zeigen Chrysanthemen, was auch ohne Sonne noch möglich ist! Die winterharten Gartenchrysanthemen sind stabile, sehr wüchsige, gesunde und robuste Pflanzen, die verlässlich dann zur Blüte kommen, wenn man keine Blüten mehr erwartet. Da die Blüten in Schüben kommen, haben die Chrysanthemen eine extrem lange Blütezeit. Bei dieser Pflanze duften die Blätter und nicht die Blüten. Lassen Sie sich beim nächsten Friedhofsbesuch nicht täuschen, denn hier sieht man meist nur im Glashaus gezogene Chrysanthemen, die nur einige Wochen überdauern und nicht winterfest sind.

Diese Eigenschaften machen die Chrysantheme in Japan zur Nationalblume mit sehr viel Symbolkraft. Die Tatsache, dass sie so spät im Jahr blüht, verleiht ihr einen Hauch von Unsterblichkeit. Die Chrysantheme steht auch symbolisch für ein freies Herz; vielleicht sollte man das nächste Mal eine Chrysantheme anstatt einer Rose schenken, wenn man verliebt ist.

VON DER KUNST DES REISENS

Reisen, ohne ein einziges Foto zu machen. Man kommt von einer langen Reise, einer achtzehnmonatigen Weltreise zurück, ohne jeden Beweis, ohne jedes Foto! Anfänglich war es dem Geldmangel und dem Platzmangel geschuldet, denn wer als Backpacker um die Welt zieht, dem fehlt es an beidem. Natürlich blickte ich oft neidvoll auf Kameras, welche magische Momente festhielten oder die schönsten Orte der Welt in einem Foto einfangen wollten. Ich begann Tagebuch zu schreiben und perfektionierte meine Beschreibungen bis ins kleinste Detail. Es ging so weit, dass ich in Wörtern und Formulierungen zu beobachten begann.

Stimmungen, Atmosphären, außergewöhnliche Orte oder Begegnungen wurden mit den Augen des geschriebenen Wortes gesehen. Man hält fotowütigen Touristen immer vor, dass sie nicht genießen, immer auf der Suche nach dem perfekten Urlaubsfoto sind. Bei mir spielte sich alles im Kopf ab und meine Gedanken suchten nach dem perfekten Ausdruck, nach der perfekten Formulierung für das Gesehene. Am intensivsten war es, wenn ich gleich vor Ort die Eindrücke und Gedanken ins Tagebuch transferieren konnte. Das Schreiben entwickelte sich zu einem ausgiebigen Ritual, das viel Zeit in Anspruch nahm. Es ging weit über Beschreibungen hinaus, Gedanken, Ideen, Orte, Menschen und Stimmungen wurden eingefangen, festgehalten und weitergedacht. Das Schriftbild sagt viel über die Tagesverfassung aus; schöne, gleichmäßige Schrift hieß Ruhe und entspannte Verhältnisse. Fahrige, unruhige Schrift und viele durchgestrichene Wörter hingegen deuten auf ungemütliche und unruhige Zeiten hin. Eine lange und beschwerliche Bus- oder Zugfahrt oder die Suche nach einem günstigen Quartier wurde zur Herausforderung und zeigt sich im Schriftbild.

Die Inhalte und die Gedanken begeistern mich auch nach dreißig Jahren noch immer, wenn ich alte Tagebücher nachlese. Erschreckend ist nur die Erkenntnis, dass das Leben eine unendliche Wiederholung des Gleichen ist. Immer wieder die gleichen Fehler, die gleichen Reaktionsmuster und die gleichen Ängste. Trotzdem gehört das Tagebuch seit siebenunddreißig Jahren zum täglich gleichen Ritual.

Herbst im Garten

Es leuchtet und brennt!

Den Herbst in den Händen

Feuerahorn (Acer tataricum ginnala)

Winter

Dezember und Jänner

Der Winter dauert
gefühlt ein halbes Jahr,
vom grauen, nebeligen
November bis in den
launischen April.

GÄRTNER
SEELE

DER ADVENTKRANZ

Ein grüner Kranz aus Tannenzweigen, was für ein schönes Symbol! Am besten selbst gebunden, ein Tannenzweig wird an den anderen gereiht, bis ein dichter, grüner und geschlossener Kranz entsteht. Der Duft von frischem Reisig liegt in der Luft, das Harz klebt an den Händen. Ein kontemplativer Akt, dieses Binden eines Adventkranzes, vor allem wenn man es gemeinsam mit anderen tut.

Auf den ersten Blick erscheint es als eine leichte Aufgabe, aber beim Binden stellt sich schnell heraus, dass es sehr wohl Geschick, Übung und vor allem die richtigen Proportionen braucht. Manchmal wächst der Kranz zu einem flachen Krapfen aus, ohne die elegante Öffnung in der Mitte, oder die Kranzdicke variiert und wirkt wie eine abgeschnürte Leberwurst.

Tannenzweige, die bereits am Kranz eingeflochten sind, sollte man nicht mehr zurechtstutzen, denn dann würde der Kranz sofort die Nadeln verlieren. Ein Drittel der Zweiglänge gehört in die Öffnung gebunden, die anderen zwei Drittel stehen nach außen, dann wächst der Kranz gleichmäßig und formschön. Beim Schließen des Kranzes zeigt sich der wahre Künstler, man erkennt nicht mehr, wo begonnen und wo aufgehört wurde. Ein nahtloser Übergang, ohne Anfang und Ende, das Symbol des Kranzes, präzise geflochten und gebunden. Fehler werden gerne mit viel Dekoration kaschiert und versteckt, aber ein schön gleichmäßig gebundener Kranz braucht nicht viel. Vier Kerzen, eine Schleife, vielleicht ein paar Zapfen oder Zweige, und fertig ist der Adventkranz.

Der grüne Kranz ist Symbol genug und hat viel Kraft. Der Auswahl der Kerzenfarben sind scheinbar fast keine Grenzen gesetzt, traditionell in Rot, elegant und vornehm in Weiß, oder grün auf grün. Die ursprüngliche Farbe aber war Dunkelviolett. Es ist die Fastenfarbe der katholischen Kirche, drei violette Kerzen und eine rosa Kerze für Gaudete, den dritten Adventsonntag. Damit wird die Vorfreude auf Weihnachten symbolisiert, denn Rosa ist das aufgehellte Violett. Die Farben Gold und Silber, so finde ich, sollten für Weihnachten aufgehoben werden, als eine Steigerung der Vorfreude. Es lohnt sich, das Warten auf Weihnachten zu verkürzen mit einem selbst gebundenen Adventkranz: Viele Erinnerungen werden wach!

KRONPRINZ RUDOLF, BRÜNNERLING, BERNER ROSENAPFEL ...

Was gehört neben Nüssen, Lebkuchen, Mandarinen, getrockneten Feigen und Dörrzwetschken noch in ein Nikolaussackerl? Ja, genau, Äpfel dürfen nicht fehlen. Nicht zu groß, und sie müssen unbedingt rotbackig sein! Bei uns zu Hause wurden immer die kleinen Äpfel des Jonathans verwendet. Der nicht allzu große Baum trug jedes Jahr verlässlich und reichlich Äpfel, als ob er gewusst hätte, welch wichtige Aufgabe er zu erfüllen hatte. Je reicher der Ertrag, desto kleiner waren die festen und erfrischenden Früchte. Es hätte auch jede Menge anderer Äpfel im Keller gegeben, so zum Beispiel den Maschansker, goldgelb und kugelrund duftet er einem entgegen. Am Gewürzgeruch ist er auch blind zu erkennen.

Gleich daneben lagen in einer Kiste, fein säuberlich geschlichtet, purpurrote Äpfel mit einer matten Bereifung. Eine schöne, kantige Apfelform; wischt man den Wachsbelag weg, kommt ein glänzend leuchtender purpurroter Apfel zum Vorschein. Ein Apfel, wie gemalt in einem Stillleben. Die nächste Überraschung gibt es, wenn man in diesen süßen Apfel beißt: Das Fruchtfleisch ist rot durchzogen. Das wäre mein Lieblingsapfel für das Nikolaussackerl gewesen. Aber der Berner Rosenapfel war im Ertrag so faul, dass die Äpfel nur zu ganz besonderen Anlässen gereicht wurden. Eine Stellage tiefer waren etwas unansehnliche, braune Riesenäpfel: der Boskoop. Es gibt grüne und rote, man merkt aber kaum einen Unterschied. Beide sehen ledrig und eher unappetitlich aus, nicht umsonst wird er im Volksmund auch Lederapfel genannt. Diesen Apfel weiß man erst zu schätzen, wenn es nichts anderes Essbares mehr im Keller gibt. Erst im April oder Mai entfaltet er sein mildes, süß-säuerliches Aroma. Beim Boskoop passt das Sprichwort: raue Schale und weicher Kern! Daneben lagerte der Kronprinz Rudolf, benannt nach dem Thronfolger von Kaiser Franz Joseph I. Ein etwas flach gedrückter Apfel mit heiteren roten Wangen. Den gab es auch in Hülle und Fülle, weil er das raue Klima des Mühlviertels gut verträgt. Ein saftiger Apfel mit erfrischendem süß-säuerlichen Geschmack.

Kistenweise gab es den Brünnerling im Keller. Ein mittelgroßer, gelb-roter Apfel mit feiner Schale. Beißt man in diesen Apfel, wirkt er etwas trocken, aus diesem Grund war es immer eine der letzten Sorten, die gegessen wurden. Ein Apfelbaum, der kaum Pflege braucht, daher gab es davon viele auf unseren Streuobstwiesen um den Bauernhof. Es gab noch viele andere Apfelsorten im Keller, den Lavanttaler Bananenapfel, die Steirische Schafnase, den Zigeunerapfel oder den Freiherrn von Berlepsch: Namen, die mich schon als Kind in ihren Bann gezogen haben, denn jeder Apfelname ist ein Abenteuer, eine Geschichte. Aber je mehr ich darüber nachdenke, der Jonathan war doch die beste Wahl, um im Nikolaussackerl zu verschwinden. Rotbackig, rund, handlich und knackig!

DER BARBARAZWEIG – DAS WETTRENNEN

Am 4. Dezember ist Barbaratag. Der Brauch besagt, man sollte an diesem Tag Kirschzweige schneiden und ins Warme stellen: Wenn diese zu Weihnachten blühen, dann klappt es mit der Liebe. So weit, so gut, aber was ist, wenn ich schon verliebt oder verheiratet bin, wenn ich gar keine Liebe suche oder keine will? Egal, Liebe kann man immer brauchen, man kann nie genug davon bekommen oder auch weitergeben. Wagen wir den Versuch und schneiden wir Kirschzweige mit möglichst vielen Bouquetknospen, so nennt man es, wenn viele Blütenknospen in einem Quirl zusammenstehen.

Damit es auch wirklich mit der Blüte, also mit der Liebe klappt, kann man ein wenig nachhelfen. Wir schneiden die Kirschzweige bereits am 3. Dezember und legen sie über Nacht in ein Wasserbad, damit sich die Knospen und Zweige aufweichen und mit Wasser anreichern. Sollte es noch nicht ausreichend Frost gegeben haben, empfiehlt es sich die Zweige für eine Nacht ins Gefrierfach zu legen. Kirschen brauchen eine Kälteperiode für die Blüteninduktion. Am 4. Dezember stellen wir sie in ein Fenster, aber nicht in der Nähe eines Heizkörpers, denn trockene Luft lässt die Knospen elend zugrunde gehen, bevor sie aufblühen. Wir haben die Zweige vorher schräg angeschnitten und in lauwarmes Wasser gestellt. Die ersten Tage stellt man die Zweige in einen hellen, aber eher kühlen Raum, erst wenn die Knospen zu schwellen beginnen, vertragen sie es etwas wärmer. Das Wasser wird regelmäßig gewechselt, um Algenbildung zu vermeiden. Es ist ein spannendes Unterfangen, man fiebert mit den Barbarazweigen auf Weihnachten hin. Täglich werden die Knospen akribisch beobachtet, es stellt sich die Frage, ob sie es bis Weihnachten schaffen. Es ist wie ein Wettrennen in Zeitlupe! Ab und zu hilft man nach, indem man die Zweige mit Wasser besprüht, um die Bedingungen zu optimieren. Es dauert eine gefühlte Ewigkeit, bis die Knospen die ersten grünen Spitzen zeigen und sich die weißen Blütenblätter langsam herausschieben. Anfänglich sind sie noch zerknittert und zerdrückt, bis sich die strahlend weißen Blüten in voller Pracht zeigen. Gleichzeitig entwickeln sich auch die ersten zarten Blätter.

Ein kleines Siegesgefühl stellt sich ein, die Genugtuung, die Natur überlistet, ihr den Frühling vorgetäuscht zu haben. Der Legende nach hat die heilige Barbara einen Kirschzweig in eine Vase gestellt, welcher sich in ihrem Kleid verfangen hatte. Just an dem Tag, an dem sie hingerichtet wurde, begann der Zweig zu blühen. Sie wurde von ihrem eigenen Vater enthauptet, da sie sich weigerte, ihren Glauben und ihre jungfräuliche Hingabe an Gott aufzugeben. Das Wettrennen ist gewonnen, die Zweige zeigen ihre reinen, weißen und unschuldigen Blüten!

DER SINN VON WEIHNACHTEN

Alle Jahre wieder faszinieren und berühren mich die Rituale zu Weihnachten. Der gemeinsame Bau der Weihnachtskrippe, der den ganzen Advent in Anspruch nimmt, ist eines davon. Anfang Dezember wird die Krippe vom Dachboden geholt. Sie besteht aus einer großen, länglichen Holzunterlage von einem knappen Quadratmeter Größe. Ein umlaufender Rahmen und ein schlichter Stall aus Lindenholz sind die Grundlage. Die Landschaft, die darauf gebaut wird, entsteht jedes Jahr neu – mit Bergen, Felslandschaften, Schluchten, Tälern, Bächen, Teichen und Höhlen. Brücken, Zäune, Mauern, Wege und Ruinen vervollständigen die Szenerie. Immer kommen neue Ideen dazu, die präzise umgesetzt werden. Diese Miniaturlandschaft wird so naturnah wie möglich gestaltet, dazu gehören auch lebende Pflanzen.

Ein ausgiebiger Spaziergang im Wald dient der Beschaffung von Baumaterialien, seien es Moose, Wurzeln, Äste, zartes Bauholz, Steine, Kies und Sand. Dominante, prägende Elemente bringen Dramatik und Spannung in die Szenerie. Es hat etwas mit den Landschaftsbildern von William Turner zu tun. Als Erstes werden diese prägenden Elemente positioniert. Meist sind es Wurzelstöcke, die natürliche Höhlen bilden und Verstecke freigeben. Als Nächstes werden die Steine zu Felsformationen und Gebirgszügen gefügt. Immer wieder werden lebende Pflanzen wie Hauswurz, Aloe, Gräser, Kakteen oder Zwergpalmen mit eingebaut. Es gilt, die Proportionen zu den Figuren im Auge zu behalten. Je nach vorhandenem Material wird entschieden, ob es eine üppige Vegetation mit Urwaldcharakter wird oder doch eher eine minimalistische Variante mit Wüstencharakter.

Als Landschaftsgärtner ist man da klar im Vorteil. Es ist der Prozess, der begeistert, das gemeinsame Bauen mit der Familie. Alle sind längst dem Kindesalter entwachsen, aber es hat nichts an Faszination eingebüßt, im Gegenteil, es ist intensiver geworden. Das Gefühl, an etwas Gemeinsamem zu bauen, das Gefühl von Verbundenheit, das Gefühl, kindliche Unschuld noch ausleben zu können, das sind die Zutaten für diese Begeisterung. Es ist ein Ritual, das allen gut tut, zu wissen, dass es Dinge gibt, die immer Bestand haben.

Der Höhepunkt ist kurz vor Weihnachten, wenn die Figuren aufgestellt werden, schön gearbeitete und bemalte Holzfiguren. Jedes Jahr überrascht jemand mit einer neuen Figur oder einem neuen Detail. Seien es Mäuse am Dach des Stalls, eine Henne mit Kücken, eine Feuerstelle. Es darf aber auch kritisch werden, ein schwarzes Christkind, ein Flüchtlingscamp; heuer jedenfalls müssen mehr weibliche Figuren dazukommen, denn außer Maria gab es bis jetzt nur männliche Darsteller – Gendergerechtigkeit auch beim Weihnachtswunder. Ich empfinde es immer wieder als mein größtes und schönstes Weihnachtswunder und Geschenk und denke an Goethes Ausspruch: *„Zum Augenblicke dürft' ich sagen: Verweile doch, du bist so schön!"*

DIE ROSE DES WINTERS

Die Schneerose, die Christrose: das Wunder von Weihnachten in einer Pflanze. Ein Weihnachtsgeschenk der Natur: die Rose des Winters. Obwohl beim Weihnachtslied *„Es ist ein Ros entsprungen"* mit der „Ros" Jesus gemeint sein dürfte, könnte es sich dabei auch um eine Schneerose handeln. Die Rose des Winters hat viele Zuschreibungen, weil es faszinierend ist, eine so unschuldige und strahlend weiße Blüte mitten im Winter zu sehen.

Helleborus niger wird sie botanisch genannt. Sie ist eine alte Kulturpflanze, welche bereits die Griechen als Heil- und Giftmittel verwendet haben. Geholfen hat sie angeblich gegen Krampfleiden, Wutanfälle, Wahnsinn, Epilepsie und sie soll reinigend wirken. Man findet die Schneerose auch in jedem mittelalterlichen Klostergarten, vielleicht deshalb, weil sie auch als Abtreibungsmittel verwendet worden ist. Aus der schwarzen Wurzel der Christrose ist Niespulver hergestellt worden, das sollte Kopfschmerzen vertreiben, daher wird sie auch Schwarze Nieswurz genannt. Für mich ist die Schneerose vor allem jene Pflanze, die eine Brücke zwischen Herbst und Frühling schlägt. Gleichsam eine Klammer zwischen den Jahreszeiten, denn sie überbrückt den Winter mit ihren glänzenden, immergrünen Blättern und ihren weißen Blüten. Anfangs ist die Blüte demütig geknickt, erst vollkommen geöffnet streckt sie den Blütenkopf stolz in die Wintersonne. Schlichte weiße Blütenblätter, mit einem goldgelben Strahlenkranz in der Mitte, einem barocken Heiligenschein gleich. Bei genauer Betrachtung kann man das Wunder von Bethlehem erkennen, es geht ein besonderes Leuchten von der Mitte dieser Blüte aus. Ich denke, aus diesem Grund trägt sie den Namen Christrose und nicht, weil sie auch zu Weihnachten blühen kann.

Die Schneerose hat auch noch andere botanische Besonderheiten zu bieten. Da die alten Blätter bereits absterben, wenn die Pflanze zu blühen beginnt, übernimmt die Blüte die Photosynthese und verfärbt sich grün. In der kalten Jahreszeit gibt es wenige Insekten für die Bestäubung. Die Schneerose gleicht das mit einer extrem langen Blütezeit aus und lockt mit intensivem Duft und viel Nektar. Die ölhältigen Samen werden von Ameisen und sonstigem Getier im Garten verteilt.

In keinem Garten darf die Schneerose fehlen, nicht nur wegen der Blütezeit, auch das immergrüne Laub ist sehr dekorativ. Sie zeichnet sich durch Standorttreue und Langlebigkeit aus. Halbschattige Standorte mit gutem Boden werden bevorzugt, dann bereitet die Christrose weit über fünfundzwanzig Jahre Freude, ohne jeden Arbeitsaufwand. Die Schneerose ist nicht nur ein Weihnachtswunder, sondern auch ein wahres Gartenwunder. Nicht vergessen, in der Blüte das Wunder von Bethlehem zu suchen!

Geschichte N°56 | Dezember

DER ERSTE SCHNEE

Leise ist der Park über Nacht in weiße Stille verfallen. Ein schönes Gefühl, die ersten Spuren im Schnee zu ziehen, wenn der Park in eine Decke aus Schnee gehüllt ist. Unschuldig, jungfräulich und friedlich, wie mit einem Leintuch zugedeckt liegt die Landschaft vor mir. Wie ein weißes, unbeschriebenes Blatt Papier erscheint der Park. Genügen meine Spuren im Schnee, oder zeichne ich noch ein Herz oder einen Namen in das Weiß? Am besten, ich wälze mich und balge mich mit dem Schnee und mache übermütig den Hampelmann im Pulverschnee.

Es scheint, als ob der Park Hochzeit feierte, so schön herausgeputzt wirkt die Natur! Es fragt sich nur, mit wem will sich die Natur verheiraten? Wir Menschen sind definitiv die falschen Partner, wir begegnen der Natur nicht auf Augenhöhe, wir beuten sie aus, nehmen nur und geben wenig oder nichts zurück! Mit dem ersten Schnee verschwindet die Herbstdepression, alles ist verhüllt, zugedeckt und versteckt. Vorbei ist es mit dem tristen Braun, vorbei ist die Zeit zwischen den Jahreszeiten. Plötzlich stellt sich Weihnachtsstimmung ein, fast verschwunden sind die Erinnerungen an den Sommer, keine Spur mehr von Wehmut. Es steht ein klares Ziel vor Augen, das ist Weihnachten und der Jahreswechsel. Man möchte im letzten Monat des Jahres noch einiges wettmachen, sich gleichsam versöhnen mit dem Vergangenen. Es ist die Zeit für Ruhe; man sollte es der Natur gleichtun und leisertreten. Zur Ruhe kommen, Kraft sammeln, sich auf den Neubeginn, auf den Frühling vorbereiten. Die Tage sind kurz, es bleibt viel Zeit, die Gedanken neu zu ordnen, sich neue Ziele zu setzen und sich von unbequemen Dingen zu trennen. Obwohl es noch dunkel ist, erhellt der Neuschnee die Nacht. Es ist ein weiches, trübes und mattes Licht, mit dem der Schnee gegen die Dunkelheit ankämpft. Das schafft auch nur der Schnee, in der Dunkelheit zu leuchten …

Meine Laufschuhe hinterlassen ein Rautenmuster im Schnee. Obwohl sehr früh unterwegs, bin ich nicht der Erste, Rebhühner, Hasen und sonstiges Getier haben schon ganze Musterteppiche in den Schnee gezeichnet. Der frische Schnee knirscht unter meinen Schuhen und ist wie Musik in meinen Ohren. Keine Kopfhörer oder sonstige Ablenkungen, ich will mein Ohr ganz nah an der Natur haben. Das sind ein paar der Gedanken, die mir in den Sinn kommen, wenn ich zeitig in der Früh die ersten Spuren im Schnee ziehe.

Geschichte N°57 | Jänner

GEKAUFTES GLÜCK

Letztes Jahr zu Silvester habe ich einen Glücksklee geschenkt bekommen. Die Blätter stehen aufrecht als dichtes Büschel aus dem Mini-Tontopf. Das gestielte vierteilige Blatt soll Glück bringen, obwohl am Glücksklee alle Kleeblätter vierblättrig sind. Wie mühsam ist es – oder welch ein Glück ist es –, in der Natur ein solches zu finden: Angeblich weist nur eines von Fünftausend eine Vierteilung auf. Es sind Einzelblätter, die tief eingeschnitten sind und dadurch vierblättrig erscheinen. In der Mitte des Blattes ist ein rot-schwarzer Punkt, einer Zielscheibe gleich. Der Glücksklee kommt aus Mexiko und hat mit unserem heimischen Klee botanisch nichts gemein. Er bildet keine Wurzeln, sondern hat kleine, schuppenförmige Knollen, aus denen sich je ein Blattstiel entwickelt.

Irgendwie scheint mich dieser Klee zu mögen, denn er hielt das ganze Jahr. Normalerweise verabschiedet sich dieser Glücksklee sehr schnell aus der warmen Wohnung, zu speziell sind seine Ansprüche. Den Sommer verbrachte er auf der Terrasse und entwickelte sich prächtig. Ein größerer Topf schien ihm wohlzutun, die Stiele trieb es in die Länge. Sie wachsen nicht in die Höhe, sondern seitwärts, spaghettiartig gedreht entwickeln sich die dünnen Stängel. Mit dem üppigen Wachstum aber verliert der Klee die rötliche

Mitte im Blatt. Auch die Zahl der viergeteilten Blätter nahm rapide ab, nur mehr zehn Prozent bringen anscheinend Glück. Im Sommer überraschte er mit ganz zarten rosa Blüten an noch längeren Stängeln. Vor dem ersten Frost kam er ins kühle, aber helle Vorhaus und wartet nun auf das neue Jahr, um mir auch 2022 wieder Glück zu bringen.

Der Klee gilt als religiöser Glücksbringer, er symbolisiert die vier Evangelien und das Kreuz. Eva soll aus dem Paradies ein vierblättriges Kleeblatt als Andenken mitgenommen haben. Aber was bedeutet Glück? Ist es Glück, gesund durchs Jahr gekommen zu sein? Ist es Glück, einen interessanten Job mit viel Arbeit zu haben? Ist es Glück, gute Freunde und eine spannende Beziehung zu haben? Ist es Glück, Kunst und Kultur genießen zu können? Ist es Glück, in einem Land zu leben, wo es genügend Impfstoff, aber zu wenige Impfwillige gibt? Ja, ich bin ein Hans im Glück! Dem Glück hinterherzulaufen nach dem Motto *„Das Glück ist immer gerade dort, wo man nicht ist"*, macht glücklich sein schwierig.

JAHRESZEITEN

Die Jahreszeiten: ein Gleichnis für den Lauf des Lebens, vom Geborenwerden bis zum Sterben. Von der Gewissheit, dass nach einem langen Winter der Frühling wieder kommt, und vom Urvertrauen, dass sich dieser Rhythmus unendlich fortsetzen wird. Für den Gärtner gehören die Jahreszeiten zum täglichen Brot. Das Arbeiten im Einklang mit den Jahreszeiten hat etwas Erdverbundenes, etwas Gegebenes und vor allem etwas Unveränderliches in sich.

Gärtner und Dichter sprechen sogar von sieben Jahreszeiten. Die Übergänge Vorfrühling, Spätsommer und Spätherbst werden also zu eigenen Jahreszeiten und spannen einen dichten, atmosphärischen Bogen zwischen den bekannten Jahreszeiten. Der Frühling birgt so viel Hoffnung, Mut und Zuversicht in sich, er verspricht Aufbruch und Veränderung. Der Sommer ist trügerisch und kurz, er lässt einen ins volle Leben eintauchen und dann ernüchtert im Herbst aufwachen. Der Herbst will mit seiner Farbenpracht vom nahen Ende des Jahres ablenken. Im Farbenrausch spüren wir die Kälte und die kommende Finsternis noch nicht. Der Winter dauert gefühlt ein halbes Jahr, vom grauen, nebeligen November bis in den launischen April. Für den Frühling bleibt dann nicht mehr viel Zeit, und das Spiel mit unseren Sehnsüchten und Träumen beginnt wieder von vorne. Zu schätzen und zu vermissen beginnt man die Jahreszeiten erst dann, wenn sie plötzlich nicht mehr stattfinden, wenn es sie schlicht und einfach nicht gibt. Auf meiner fast zweijährigen Weltreise plagte mich zeitweise das Heimweh, aber am meisten fehlten mir die Jahreszeiten. Tagein, tagaus das gleiche Bild, üppig grüne Landschaften, gepaart mit tropischer Hitze. Ich bereiste hauptsächlich den asiatischen Teil der Erde. Keine kühlen Nächte für einen ruhigen Schlaf, keine zartfeine Frühlingsluft in meiner Nase, keine lauen Sommernächte im August und keine schneegefüllten Wolken am Spätherbsthimmel. Die Rückreise mit der Transsibirischen Eisenbahn von Peking nach Wien wurde zur Wiederentdeckung der Jahreszeiten. Ich konnte beobachten, wie der Herbst ins Land zieht. Ich sah das langsame Verfärben der Blätter, das von Tag zu Tag intensiver wurde. In China begann sich das satte Grün der Bäume zaghaft zu ändern, um in der Mongolei intensiv zu leuchten, in Sibirien fielen die Blätter von den Birken, bis ich endlich im Spätherbst im trüben Wien ankam. Auch die angebotenen Früchte der fliegenden Händler folgten der Jahreszeit, Zwiebeln und Kartoffeln in der Mongolei, Äpfel und Heidelbeeren in Sibirien. Mit den Jahreszeiten verhält es sich wie mit der Liebe: Erst wenn sie weg ist, wird sie vermisst.

ROTE RÜBEN

„Rote Rüben in Teheran" ist ein wunderbarer Film über Gerüche, Sehnsüchte und Erinnerungen. Es gibt Gerüche, die bringt man ein ganzes Leben lang nicht mehr aus der Nase. Der Geruch von warmen Roten Rüben gehört für mich dazu. Stundenlang wurden sie samstagabends weichgekocht. Dieser süßlich, leicht nach Fleisch riechende Geschmack zog durchs ganze Haus. Nicht dass er mich sonderlich störte oder unangenehm war, es war einfach der Geruch des Samstags, des Wochenendes.

Die Roten Rüben wurden für die ganze Woche vorgekocht und es gab sie praktisch zu jeder salzigen Hauptspeise als fein geriebenen Salat. Die Blutorgie beim Schneiden beflügelte meine kindliche Phantasie. Rote Rüben hat es immer gegeben und meine Begeisterung dafür hielt sich in Grenzen.

Eine Iranreise änderte meine Einstellung zu Roten Rüben. Ein iranischer Freund nahm mich zu einem Ausflugsziel am Rande der Stadt Teheran mit, einem kleinen, engen Tal, das sich entlang eines Flusses den Berg hochwindet. Beiderseits des kleinen Flusses gibt es Teestuben, eine dicht an die andere gedrängt. Geschützt unter bunten Plastikzelten und Planen sitzt, hockt oder liegt man auf einem Teppich, trinkt Tee und bekommt dazu Rote Rüben serviert.

Rote Rüben in perfekter Konsistenz, bissfest, lauwarm und in großen Scheiben. Glücklich sitzt man auf seinem Teppichbett und genießt den Anblick der vorbeischlendernden Liebespaare, die sich nie berühren oder zu nahe kommen, aber trotzdem vor Verliebtheit strahlen. Die ganze Luft ist erfüllt vom Geruch der warmen Roten Rüben. Vor jeder Teestube steht ein kleiner Rohrofen mit einer großen Blechschüssel, wo die Roten Rüben aufgespießt dahinköcheln. Seit dieser Iranreise gehört die Rote Rübe wieder fix zu meinem Speiseplan; und zwar selbst gekocht, bissfest und in großen Stücken!

Geschichte N°60 | Jänner

CHARAKTERSACHE

Eine ausgewachsene Sommerlinde hat eine Schleppe, einem Brautkleid gleich reicht sie fast bis zum Boden. Ein Perlmuttstrauch bekommt mit zunehmendem Alter Charakter, mit seinen glockig überhängenden Zweigen. Eine Felsenbirne entwickelt eine mehrstämmige Schirmkrone. Ein Hibiskus wirkt etwas sparrig und steif, ein Japanischer Fächerahorn hingegen wächst malerisch, locker und atmosphärisch.

Dem Menschen gleich sieht jede Pflanzengattung anders aus, hat ihre ganz typische Wuchsform, ihren Charakter, ihr Erscheinungsbild. Schon von Weitem kann man einen Baum oder Strauch an seiner Krone, seinem Habitus, seiner Ausstrahlung erkennen. Was wird mit diesen Pflanzen gemacht? All diese poetischen Beschreibungen werden zu Kugeln, zu Würfeln, zu Pyramiden oder sonstigen geometrischen Formen verschnitten, bis zur Unkenntlichkeit zu Krüppeln verstümmelt. Ein Einheitsbrei aus überschaubaren und beherrschbaren geometrischen Formen vegetiert in unseren Gärten dahin. Man muss kein Fachmann sein, um zu erkennen, dass diese unsachgemäßen Schnittübungen weder der Pflanze noch dem Auge guttun. Wie es scheint, haben wir das Gespür und den Respekt vor Pflanzen verloren. Denn zu erkennen, dass aus einer Forsythie keine Buchskugel, aus einer Haselnuss kein Bonsai und aus einer Birke kein Kugelbaum wird, bedarf es nicht viel Hausverstandes. Einfühlsame und gute Gartenpflege erkennt man daran, dass man, wenn der Gärtner den Garten verlassen hat, glauben kann, er war überhaupt nie im Garten. Es hat den Anschein, dass sich viele Gartenbesitzer und Gartenpfleger einen Barockgarten wünschen, alles soll unter Kontrolle gebracht werden, auch die Natur! Oder sind diese Schnittübungen Ausdruck von Unfähigkeit, fehlender Kompetenz oder einfach pure Ignoranz? Liegt es daran, dass wir unsere Gärten nicht mehr wertschätzen? Haben wir Angst vor der unbändigen Natur? Haben wir vergessen, wie Natur aussieht? Ertragen wir die unkontrollierbare Pflanzenvielfalt nicht mehr? Alles muss konform, kontrollierbar und überschaubar sein.

Formale Gärten mit Kastenlinden, Hecken aus Eiben oder Ornamenten aus Buchs haben ihre Berechtigung. Auch im eigenen Garten können formale Elemente Spannung und Kontraste erzeugen. Jedoch jeden Blütenstrauch oder Baum diesem strengen Gartenregime zu unterwerfen ist nicht besonders klug. Man beraubt sich der Blüten und der Vielfalt. Es zeigt aber auch, dass Gärtnern, und vor allem Gartenpflege, viel mit Respekt, Wissen, Können und Erfahrung zu tun hat! Lasst unsere Gärten wieder fliegen, wieder frei sein, denn die schönsten Gärten waren immer die wilden und ungestümen!

Winter im Garten

Alles ruht, rastet und sammelt Kraft für den Neubeginn.

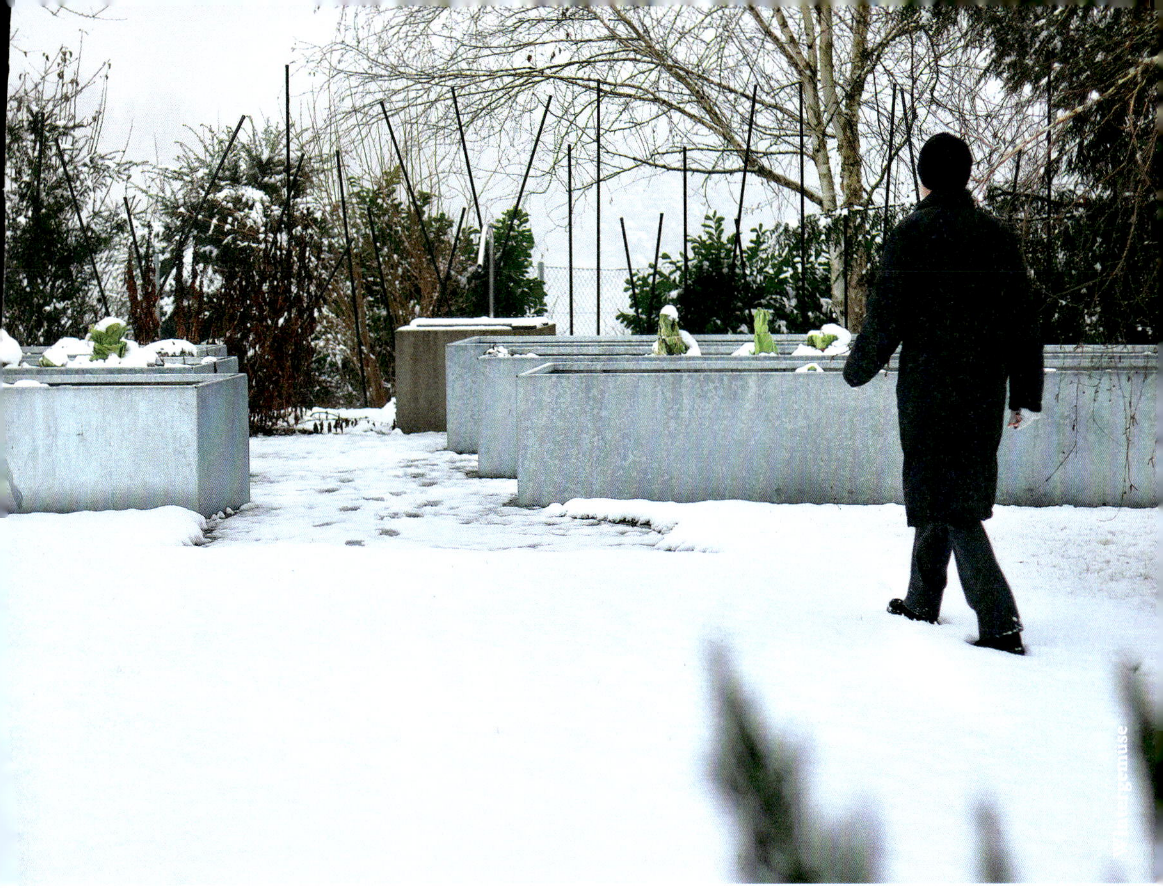

Wintergemüse

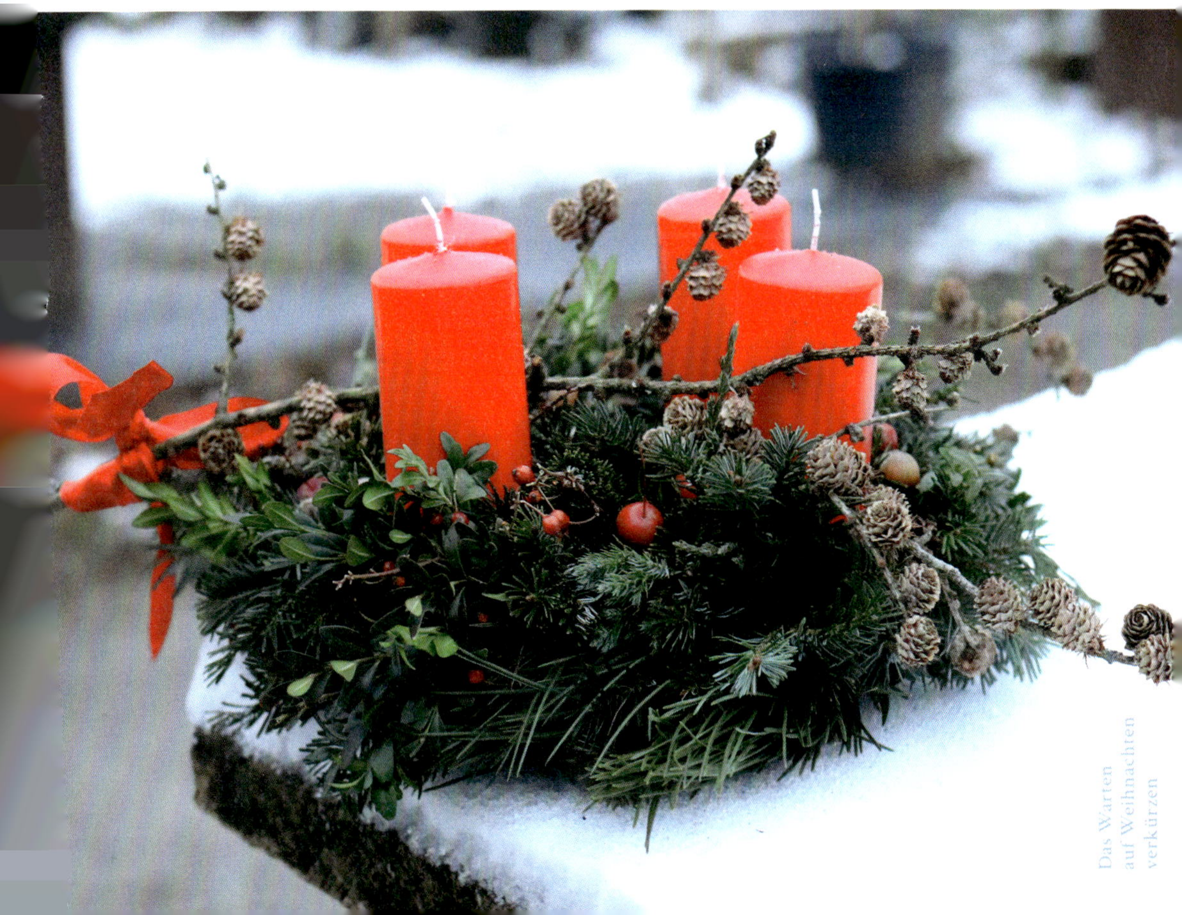

Das Warten auf Weihnachten verkürzen

Epilog

DER LETZTE GARTEN

Unser letzter Garten wird klein sein, sehr klein, kaum größer als ein Esstisch. Obwohl von der Größe so bescheiden, gehört er zu unseren wichtigsten Gärten. Wer zeitlebens keinen eigenen Garten hatte, kommt nun doch noch in den Genuss eines solchen. Wir können nicht mehr mitreden, uns einmischen, wie dieser Garten aussehen sollte! Einzig und allein unsere Liebe, unsere Empathie, unsere Erinnerungen, die wir im irdischen Leben zurückgelassen haben, werden den Garten nähren und zum Blühen bringen. Wer diesen Garten und wie er ihn pflegen und bestellen wird, liegt nicht mehr in unserer Hand. Für einen Gärtner ein Graus, das Zepter aus der Hand zu geben, nicht mehr Herr über sein kleines Pflanzenreich zu sein, mitansehen zu müssen, wie die Blumen verwelken, verdorren oder verfaulen, weil sie am falschen Standort stehen oder falsch gepflegt werden.

Gärtner sind in ihren Gärten rechthaberisch, bestimmend und besserwissend, niemand kann es ihnen recht machen. Ich mag die Idee, dass Gärtner mit ihrem letzten Garten dafür bestraft werden, nie jemandem vertraut zu haben, obwohl auch der Nachbar oder ein Freund auf unsere Gärten aufpassen hätte können. Wie hat man gelitten, wenn man nach dem Urlaub das Resultat einer lieblosen, unqualifizierten Gießerei zu sehen bekommen hat.

Der Dünger für den letzten Garten wird zu Lebzeiten angespart und bevorratet! Wie lange dieser reicht, liegt an uns. Endet er vielleicht schon mit dem Verwelken der Blumen an den Kränzen, die ein üppiger Abschied mit sich bringt? Dieses letzte Gärtchen nährt sich allein davon, was wir im irdischen Leben hinterlassen haben: an Gefühlen, an Liebe, an Empathie, an Vertrauen, an Hilfsbereitschaft und an Großmut.

Jeder Gärtner wünscht sich ein üppig bepflanztes Grab, mit vielen Blüten, Farben und der richtigen Pflanzenauswahl. Die meisten waren zu selbstverliebt und zu pflanzenvernarrt, alles wurde richtig gemacht, nur auf die menschlichen Pflänzchen und Bedürfnisse wurde oft vergessen. Das rächt sich beim letzten Garten. Bekommen wir zu guter Letzt einen pflegeleichten Kiesgarten obendrauf, mit Mulchfolie und einer dicken Schicht aus weißem Marmorkies, in der Hoffnung, dass zu Allerheiligen jemand ein Chrysanthemen-Stöckchen draufstellt? Noch schlimmer wäre es, mit einer abwaschbaren Steinplatte zugedeckt zu werden. Wir Gärtner wünschen uns ein üppiges Alljahresgärtchen, bunt und vielfältig, mit einer romantischen Kletterrose. Im Winter sollten Schneerosen, Eriken und viel elegantes Grün unseren letzten Garten zieren.

Lasst uns in unserem letzten Garten noch einmal die Jahreszeiten spüren, die wir so sehr herbeigesehnt, verflucht oder geliebt haben. Lasst uns eintauchen in die Jahresfülle, sie mit allen Sinnen erleben und verzeiht uns Gärtnern die kleinen Eitelkeiten, die nur aus purer Liebe zu unseren Gärten gewachsen sind!

Der Gärtner

Hans Zauner

*„Mein ganzes Leben war und ist dem Garten gewidmet.
Es gab nie eine andere Idee oder einen anderen Berufswunsch."*

Geboren wurde ich am 1. Jänner 1964 in Kleinzell im Mühlviertel. Aufgewachsen in einer Großfamilie am elterlichen Bauernhof, war ich der Natur immer ganz nahe und die Jahreszeiten bestimmten den Lebensrhythmus. Bereits als Fünfjähriger wusste ich, dass ich Gärtner werde. Dieser Klarheit folgten auch meine Ausbildung und Berufslaufbahn: Fachschule für Gartenbau, HBLA Schönbrunn, Studium. Seit über dreißig Jahren bin ich als selbständiger Gartengestalter und Landschaftsarchitekt tätig. Ich lebe und arbeite in Linz und in Kleinzell.

Meine Liebe zum Garten, aber auch zu Literatur, Musik, Politik, Reisen und Tagebuchschreiben hat dieses Buch entstehen lassen.

Danksagung

Damit so ein Buch gelingen kann, braucht es viele helfende und unterstützende Hände. Mein besonderer Dank gilt: *Verlag Bernhard Bayer*, dass er an dieses Buchprojekt geglaubt hat. *RizagoDesign* für Buchgestaltung: Layout, Illustration und Fotografie. *Bernhard Kastl* für Lektorat und Korrekturlesen. *Firma GartenZauner* für die Unterstützung, viele der Gartengeschichten haben dort ihren Ursprung. *Ricardo* für seine Geduld und Ausdauer und das Ertragen meiner Ungeduld. *Familie* und *Freunden*, die mich zu diesem Buch inspiriert haben.

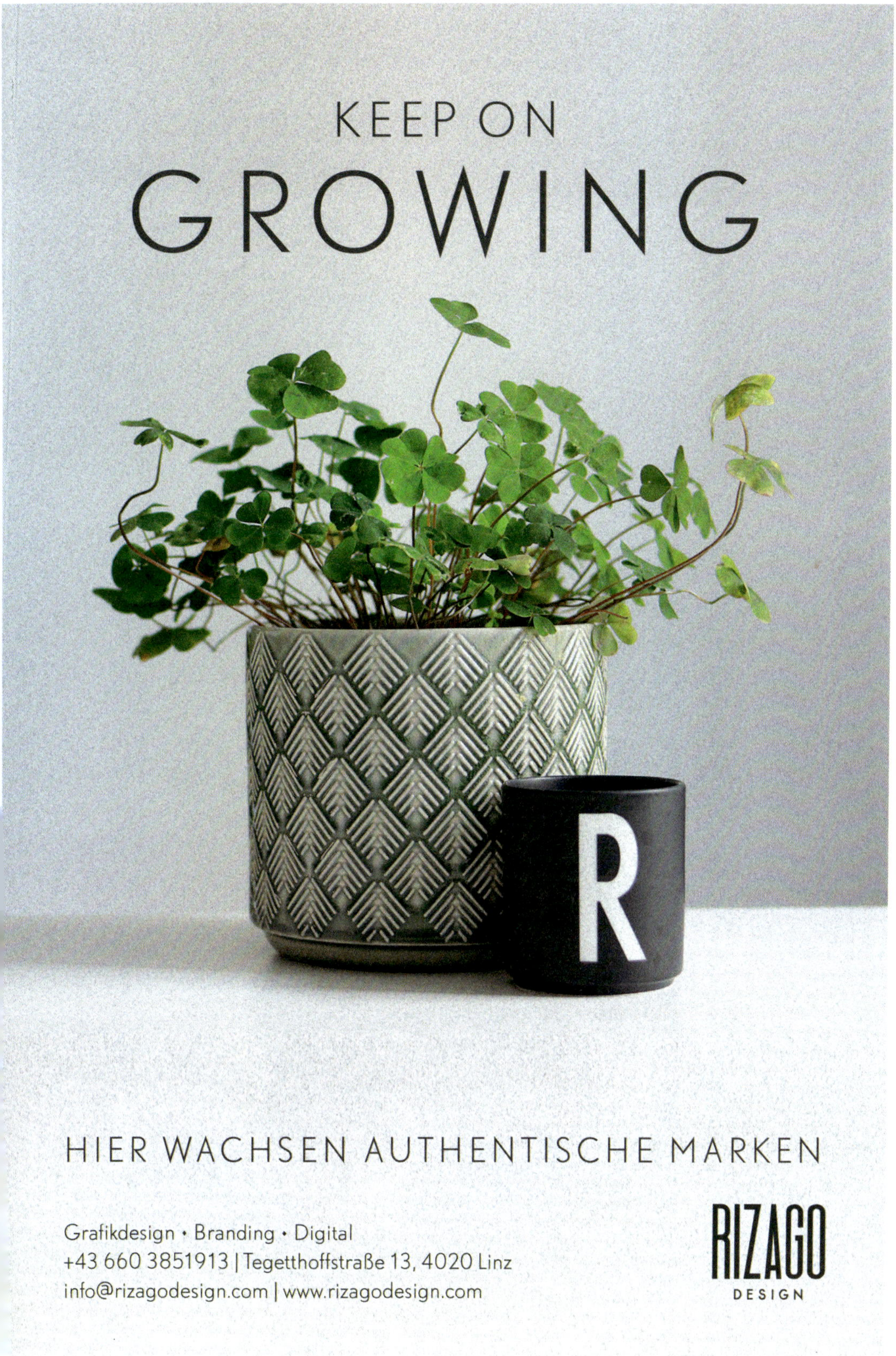
KEEP ON
GROWING
R
HIER WACHSEN AUTHENTISCHE MARKEN
Grafikdesign • Branding • Digital
+43 660 3851913 | Tegetthoffstraße 13, 4020 Linz
info@rizagodesign.com | www.rizagodesign.com
RIZAGO
DESIGN

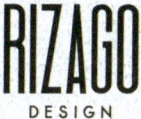